SHOULDERS
OF GIANTS
巨人的肩膀

U0339449

巨人的肩膀

Has a Frog a Soul

青蛙有灵魂吗

[英]托马斯·亨利·赫胥黎◎著
谢海伦◎译

江苏凤凰科学技术出版社
·南京·

原生质的发明者

“巨人的肩膀”丛书

出 版 前 言

正如艾萨克·牛顿（Isaac Newton）曾在信中对罗伯特·胡克（Robert Hooke）所说，“如果我看得更远些，那是因为站在巨人的肩膀上。”（"If I have seen further it is by standing on the shoulders of Giants."）我们通过出版 19、20 世纪近代科学革命中的先驱者、创始人和代表人物的著作，以期将现代文明赖以发展的重要科学方法、理论和思想，作为新的“巨人的肩膀”，向公众普及。丛书借由各个学科大师的经典论述展现了近代科学革命的重大论题，帮助大众读者和科学爱好者了解当时的巨擘们所承担的历史使命，感受一百多年前“巨人的肩膀”的坚实与高大。当然，我们同样期望在推动兴趣读物的大众普及之余，也能以原汁原味的科学经典，为当前科学从业人员的理论研究与思想探索带来一定的启发。

当今时代与数百年前一样，依然是科学的时代，是信息技术逐渐成熟，向着未来技术过渡的时代。然而，相比 19 世纪末、20 世纪初轰轰烈烈的科学革命（以相对论、量子力学取代经典物理学为代表），可以说我们的时代在科学理论上已经进入了美国科学哲学家伯纳德·科恩所说的

"常态科学"（normal science）阶段：基础理论虽仍在进步（比如堪称日新月异的凝聚态物理和量子信息理论），但最基本的科学理论范式并没有再发生颠覆性的变革，至今局限于相对论、量子力学和两者结合下产生的量子场论。

审视历史，方能看到未来。为此，"巨人的肩膀"丛书的每一辑都将包括相对论和量子力学的著作各一本，或是直接的物理学讨论，或是背后的思想性论述，与读者一起重温现代物理学两大支柱刚刚树立之时紧张而热烈的思想环境和精彩而曲折的探索历程。除此之外，我们也会从生物学、计算科学、心理学、科学史、科学哲学等学科各具开创性的著作中，遴选适当书目，以多个学科组成丛书的每一辑，从多角度拼出科学变革的整体图景。

我们深知，翻译和整理不同科学门类的代表人物（尤其是理论范式开创者们）的著作是一项难度很高的工作，能力所限，难免有不足之处，还望方家不吝指正！

序言　原生质的发明者

本文刊载于《名利场》1871 年 1 月 28 日《今日人物》一栏，是由卡罗·佩莱格里尼（Carlo Pellegrini）创作的赫胥黎漫画《原生质的发明者》的配文。

原生质的发明者赫胥黎教授，是爱刨根问底的红皮印第安人[①]中的一位伟大的巫医。即便是庄严的卡卢梅特舞里著名的翁帕托加[②]的本尊，也不会比年度聚会等仪式场合里的赫胥黎教授更受欢迎——这些漫游于都市荒漠的市侩部落们庆祝的仪式，让教会的警察心生恐惧，也让社会上仪表堂堂、头脑清醒的部分体面人物感到强烈的厌恶。赫胥黎教授就像翁帕托加部落的其他成员一样，是一个绝妙的实事求是者；但是，他那强硬的反超验主义态度，以及那和蔼可亲的脾气和喜人的演说天分，几乎不比他在论述中

---

① 美式英语对北美原住民的带有冒犯意味的称呼。在本书中，如无特殊标明“原注”，均为译者注。

② 翁帕托加，也被称为“大赤鹿”，是 19 世纪上半叶北美原住民部落——奥马哈的酋长。面对欧裔美国人对奥马哈领地的不断侵犯，他数次访问华盛顿，并与美国政府签订了一系列协议，令奥马哈部落受到白人的承认。

的清晰逻辑要少。至于他的这种论述逻辑，《名利场》的常客们，你们如果想要找到一个流行范本，只需要翻翻他的《外行讲道》[①]就足够了。赫胥黎教授赞成妇女的科学教育运动。他希望她们能够与“理性的盛宴和灵魂的河流”中的男人结为伙伴，而不再用她们惯常捡来的鸡零狗碎的知识来喂养她们。在这一点上，他的做法与不爱刨根问底的红皮印第安人有本质上的不同——他们的印第安老婆们[②]被迫做他们的背景板，直到自己的主子们吃完饭后，她们才被允许去哄抢吃剩的骨头和残渣。如果翁帕托加犯了什么错，公平地讲，他就错在智力的不完整，而非缺陷。赫胥黎教授拒绝信仰天使，因为望远镜还没有发现他们。他就像一个单脚跳的人，不是仰面朝天、直立行走，而是要小心翼翼地在唯物主义的泥潭中拾级而上，就这样，他一不小心就撞见了原生质。他看到的是龌龊的一面，而不是闪闪发光的内侧面。等到他什么时候跳累了，他就会把两只脚牢牢地踩在地上，接着依靠自己的眼睛和内心的感觉，把比望远镜中发现的还要更多的东西告诉世界。总之，和他相比，没有一位大众教师对智识的觉醒做出了更大的贡献；在未来，他的事业可能会更深入地与社会科学中一切有男子气概的、进步的观念，以及物理学研究中至少可以说是无所不包的观念联系在一起。

---

① 指赫胥黎1870年出版的文集《外行讲道：演讲和评论集》（*Lay Sermons, Addresses and Reviews*）。

② 美式英语对北美原住民妇女的带有冒犯意味的称呼。

青蛙有灵魂吗

目录

CONTENTS

003 第一章

青蛙有灵魂吗

019 第二章

关于神经结构和功能的知识现状

033 第三章

生命的物质基础

071 第四章

酵母

097 第五章

动物王国与植物王国之间的边界地带

133 第六章

恐龙与鸟类之间亲缘关系的进一步证据

177 第七章

人类与较低等动物的关系

GROSVENOR HOTEL

第 一 章

青蛙有灵魂吗

如果有，它的本质又是什么呢

本章内容原为赫胥黎于 1870 年 11 月 8 日在形而上学协会的会议上发表的演讲，并收入《赫胥黎文集》第八卷《生物学和地质学演讲集》。

左图为伦敦格罗夫纳酒店的巴尔伯勒客房，是赫胥黎发表本演讲的会议会场。

如果一只活青蛙的腿从身体上被切下来，其脚部皮肤被掐、被刀切、被烧红的金属丝烫，或者被强酸腐蚀，青蛙都不会有什么反应。但是，如果我们用同样的方式处理另一条与身体相连的腿，这条腿会缩回到离刺激物尽可能远的地方，此时，这只动物会表现出疼痛的迹象，并试图去逃离它。

现在，如果把和身体相连的那条腿上、穿过大腿部位的粗大的坐骨神经（图 1.1）切断，那么对脚部皮肤的刺激将不会对身体起到任何作用。这条坐骨神经可以向上追溯到脊髓，并在到达脊髓神经干的末端之前（它也是神经干的一部分）分成两个部分，即两个“神经根”（图 1.2）。其中一个神经根连入脊髓的后侧，另一个神经根连入脊髓的前侧，两个神经根都与脊髓内部的灰质（图 1.2）相连。这两个神经根可以分别被切断。如果切断的是脊髓后侧的神经根，那么对脚部皮肤的刺激将不起任何作用；如果切断的是脊髓前侧的神经根，而后侧的神经根完好无损，那么对脚部的刺激将会引起剧烈疼痛的迹象，但是被刺激的这条腿却不会移动；如果破坏的是两个神经根共同连入的那部分脊髓（即便只破坏它们共同连入的那部分灰质），而坐骨神经及其神经根还是完好无损的，那么对于脚部皮肤的刺激不会引起动作反应，也不会引起身体其他部位的疼痛迹象；最后，如果仅仅是把脊髓切断，而且断点高于神经根连入的部位，此时神经根还连接着未被损坏的灰质，那么对脚部皮肤的刺激会引起腿的即刻收缩，就像是这只青蛙并没有受伤一样。但它不会表现出更多被我们认为能显示“疼痛”的迹象了——此时，无论脚部受的伤有多严重，脊髓断点上方的身体部位都不会受到影响；同时，这只动物再也没有办法使用它的腿了——对断点上方加以再多的刺激，也无法让它的腿活动起来，对于所有随意冲动[①]而言，它的两条腿都是完全瘫痪的。

不过，如果我们把青蛙的两条腿连带着坐骨神经和脊髓的相关节段完全从原来的身体中分离出来，当腿的皮肤受到刺激时，腿部还是会随之剧烈收缩。

① 此处的随意冲动指在大脑意识的支配下，由大脑皮层运动区直接激发的冲动，与它相对的是由脊髓激发的，一般不受意志支配的非随意冲动，在下文中被赫胥黎称为“反射”。这一对概念可以追溯到英国哲学家洛克的《人类理解论》。在该书第二十一章《论能力》中，洛克提出，人类的意志拥有在任何特定的条件下、自由选择和支配身体任何部分的运动和停顿的力量。如果动作的进行或停顿是出于人类意志对该动作的命令，那该动作就是随意的；如果动作的进行或停顿不伴有人类的意志，那该动作就是非随意的。

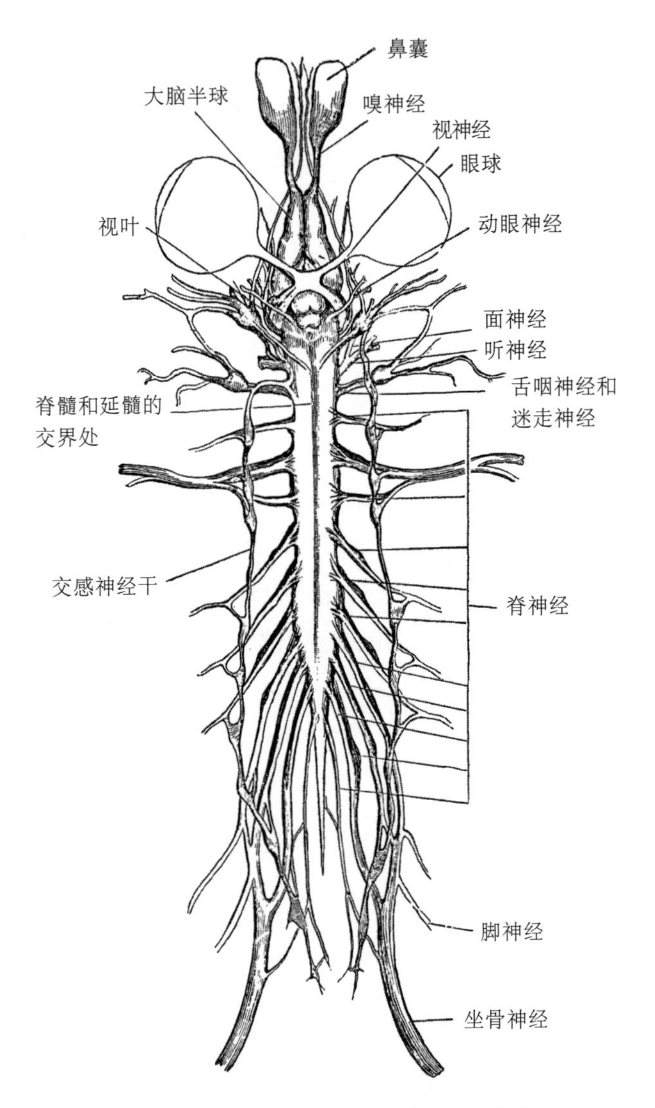

图 1.1 欧洲水蛙神经系统的腹侧面示意图

出自英国动物学家亚瑟·马歇尔《青蛙：解剖学和组织学入门》（1885），第 72~73 页。

上面的实验证明，当脚部皮肤受到刺激时，后根（图1.2）可以将一定的反应传导给它所连入的脊髓节段（图1.2），而这个脊髓节段能够将这种反应转变为另一种反应，通过前根（图1.2）传导给青蛙的腿部肌肉，并使它们收缩。传导给脊髓的神经冲动，又从脊髓反射回来。正因如此，我们给这个动作过程取了一个比喻性的名字——反射动作[①]。

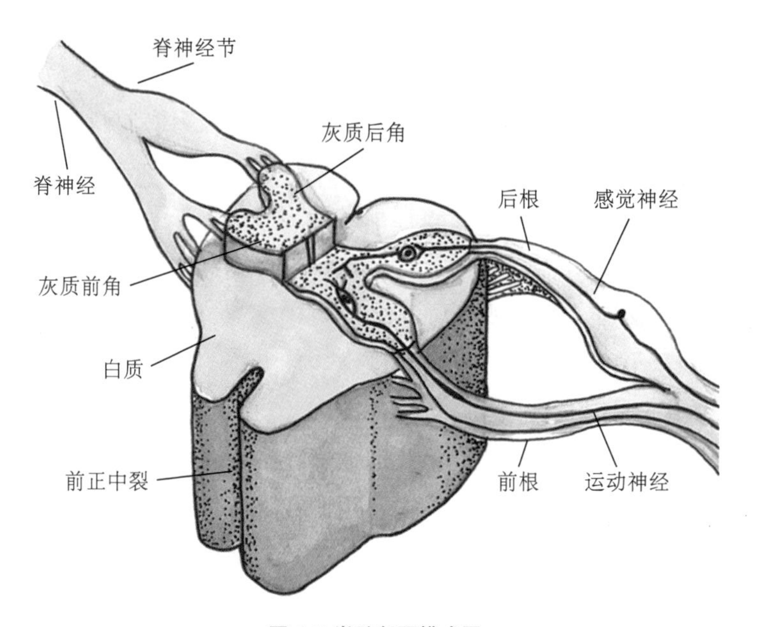

图 1.2 脊髓断面模式图

这一模式图展示了本文中青蛙做出反射动作所需的部分反射弧：传入神经、神经中枢、传出神经。其中，神经冲动由后根传入灰质后角，形成感觉，再从灰质前角出发，由前根传出，做出反射动作。

① 今天我们一般认为，这种由脊髓神经中枢控制的反射，属于不受大脑控制的非条件反射；与之相对的，后天习得的，需要大脑参与的反射是条件反射。

但是我必须要指出，对于这个现象，我们仅仅用“反射”来类比是不完整的。

对脚部的刺激作用（比如被针扎了一下）乍一看似乎再简单不过，但是它反射到运动神经上却是一组非常复杂的神经冲动，为了使脚部脱离刺激，这些冲动都进行了适当调整。因此，脊髓节段并不是原封不动地将接收到的神经冲动反射回去，而是改变了这些冲动。它并不像是一个铃铛，只是在敲的时候简单地回响，而更像是一个报时器，在收到一个简单的机械冲动之后能进行复杂的报时操作。脊髓引发的一系列动作就像是报时器一样，它们面向一个明确的结果进行了组合和调整。

鉴于以上所有动作过程都受脊髓节段和未受损的神经系统的共同影响，显然，这些动作独立于身体其他部位的感觉和意志。这一观点可以由人类身上的类似现象来支持。如果一个人的脊髓中段严重受伤，他下肢的状态将和那只受伤的青蛙完全相同。如果他的脚部皮肤受到刺激，这条腿会被猛抬起来，然而，此时他却什么也感觉不到，他连凭借意志抬腿都做不到，更不用说在脚部皮肤受到刺激时控制腿部动作了。也就是说，此时，这部分脊髓节段与他的意识和意志失去了任何连接。因此，在缺乏相反证据的情况下，我们可以有把握地得到这样的结论：青蛙的脊髓节段处于与这个人相同的状态——失去了与自己可能拥有的意识和意志之间的连接。

假设现在有另外一只青蛙，我们切掉它的头部，同时把整条脊髓留在体内。此时，我们要使它的脊髓和神经自然相连，但与整个大脑相分离，包括与脊髓和大脑结合的部位——延髓（图 1.1，图 1.3）相分离。如果我们让青蛙平躺在地上，它就会被动地保持着这个姿势。如果其中一只脚受到酸性物质腐蚀，这条腿就会缩回，然后两条腿会互相摩擦，来擦除这种刺激物。此外，如果被刺激的腿被摆放成一个不寻常的姿势（比如和身体呈直角），那么另一条腿还会逐渐抬高到相应位置，直到位置准确并可以擦掉刺激物为止。

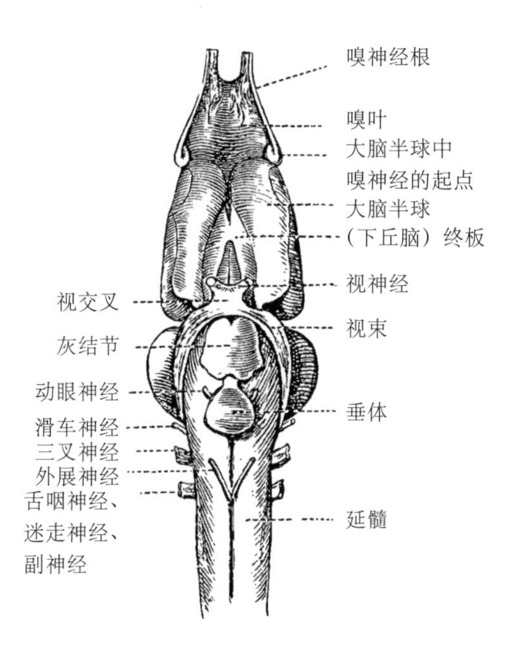

图 1.3 欧洲水蛙大脑的腹侧面

出自德国人类学家和解剖学家亚历山大·埃克《青蛙的解剖学》(1889)，第 149 页。

以上证据表明，脊髓不仅能够产生非常复杂的组合动作以回应非常简单的刺激，而且它还拥有一种调节能力，这种能力可以使它适应一些全新的状况，解决一些一只青蛙通常一生都不会遇见的问题。

我们可以进一步假设，如果我们按照以下方式切下这只青蛙的头部：断点在延髓之前，使得延髓与脊髓相连，但是与大脑的其他部位分离。这样的话，青蛙就无法平躺在地上了。如果我们仍要将它平躺放置，它就会去进行一些复杂而协调的动作，好让自己翻过身来。

在以上所有实验中，分离的头部会显示出保留所有神经能量的迹象。而且人类病理学也告诉我们，即使一个人的脊髓受伤，他的意识和意志也可能会完全保留；但如果脊髓的损伤位置过高、伤及延髓，此时他的大脑意识和意志的作用会随着延髓损伤而消失。因此，在缺乏相反证据的情况下，我们有理由得出以下结论：在上述的每一个实验中，青蛙拥有的任何意识和意志的形式，都会在分离的大脑里保持完整。

然而，假如我们从另一端开始切断神经中枢——切掉大脑的两个半球，青蛙的情况就会变得非常奇怪：它几乎保留了一只未受伤的青蛙的所有能力——看、吞咽、跳跃、游泳，却无法自发地[①]使用这些能力。除非我们把肉放进它的喉咙里，它甚至还无法进食。它就像一只处于催眠或者昏睡状态中的动物。然而，它仍可以在最艰难的条件下，

① 自发的动作指不受外界刺激就能产生的动作。

调节一切身体动作来保持自身平衡[1]。总之，为了达到这些目的，它会调节出一套具有惊人准确性的方法。不过，如果我们切除大脑的更多部位，切除一种被称为视叶的结构，青蛙就失去了这种调节能力；如果我们切除它的小脑，青蛙甚至无法组合出跳跃的动作。

关于上述细节中的一般性质的事实，实际上早已为人所知。它还导向了关于动物结构的性质的两种对立的构想模式。

一部分思想家们认为，一切由理性来协调的身体动作都涉及灵魂[2]的运作过程。这种灵魂对身体机器的运作，就像是音乐家在管风琴等乐器上的演奏一样。

而另一部分思想家们则主张，在那些纯粹且显然是机械性的动物身体活动和那些具有目的性且显然是理性的动物身体活动之间，不存在某种界限。并且，后者可能仅仅源于一种对我们来说过于精巧的机制，因此我们目前还无法理解它。

关于后一种观点，笛卡儿[3]为我们提供了最完整的表述。只要读过由笛卡儿哲学引发的那些有争议的作品就能

---

① 可以阅读戈尔茨于 1869 年写的有趣文章《对青蛙神经中枢功能的教学》，尤其是《青蛙灵魂的位置》一节。——原注

② 本文中的灵魂即动物灵魂，是 15 世纪以来的一种生理学概念。该概念认为这种灵魂会引起动物的感觉和随意运动。

③ 勒内·笛卡儿，法国哲学家、数学家、物理学家，是西方近代哲学创始人之一。对于动物灵魂的问题，他强调动物没有思维，也没有严格意义上的感觉和激情，是没有意志的“自动机”。

注意到，他的哲学中最受抨击的学说，就是动物的机械自动性。

自笛卡儿的时代以来，生理学家们就分成了两大阵营，一个阵营支持动物的机械自动性，而另一个阵营则站在泛灵论一边。

在现代生理学界中，怀特（图 1.4）可谓是“泛灵论之父”。与哈勒（图 1.5）的观点截然相反，他坚持认为灵魂存在于活生生的躯体的所有部位①。

图 1.4 罗伯特 · 怀特

英国神经生理学家，曾任爱丁堡皇家内科医学院院长。在动物灵魂问题上，他坚决反对笛卡儿的机械自动性，承认灵魂的存在和重要性，并认为运动的必要条件是神经与中枢神经系统相连。但是，他不同意运动只能通过灵魂控制，反而支持淡化大脑和神经在运动中的重要性的泛灵论，认为除了由意志引发的运动——随意运动之外，还有一种非随意运动，即由施加到肌肉或肌肉神经上的刺激引发的运动。

① 怀特也做过本文开头提到的青蛙实验。他在一只与头部分离的青蛙脊椎上插入一根电热丝，发现当脊椎被破坏时，刺痛或割伤其肢体不会引起它的反应；如果脊椎完好无损，那么肢体会对刺痛和割伤产生反应。

图 1.5 阿尔布雷希特·冯·哈勒

瑞士解剖学家、生理学家、博物学家和诗人，被称为“现代生理学之父”。与怀特的观点相反，哈勒认为肌肉能够独立于神经而运动，并不需要神经与中枢神经系统相连。

“我认为，”怀特说，“这不仅是一种可能性，相反，它是可以被证明的。在心跳完全停止、血液循环也随之停止的时刻，例如我们通常所说的‘死亡’的时刻，灵魂并不会立即离开身体，而会在身体中存在一段时间，并预备着重新激活它……总的来说，似乎可以肯定的是，在动物死亡之后，在身体的所有运动完全停止后，灵魂依旧存在于其中，而且可以通过在不同部位施加各种刺激，来重新施加它的影响。那么，在几条肌肉从身体中分离出来后，它们会不会继续遵循同样的原理，并在受到刺激时引起它们的运动？”接着，怀特提到了一些非常明显的反对意见：

“由于经院学者猜想上帝处处存在而非存在于某一地方，从而在他们的想象中，人类的灵魂并不占据具体的空间，而是存在于一个不可分的点上。但是，那些考虑到动物结构的构造和外观的人，很快就会确信，灵魂并非被限制在一个不可分的点内；即便它不一定存在于身体所有部位，它也可以存在于神经形成时的同一时刻，至少可以存在于神经的起源地。这就是说，灵魂至少可以沿着大脑和脊髓中的大部分进行扩散。

此外，尽管对于人类而言，灵魂最主要的场所、最能彰显其力量之处在于大脑，但对于昆虫而言，它们的灵魂似乎是以相等的力量在身体中运作，而这种力量及其影响并没有在身体的某一个部位更明显。因此，对昆虫这种生物而言，它们的部分肢体在离开身体后存活的时间，比起人类甚至一些更近似于它们的动物种类要更长。对人类和其他动物而言，它们的灵魂似乎主要通过连接大脑和脊髓在身体各处发生作用；换句话说，如果切断这种连接，不久之后，灵魂就无法在这些部位上运作了。

"因此，从古至今，一些最伟大的哲学家们都猜想灵魂是可以扩展的。这并非无凭无据。[①]"

"但是，如果我们假设灵魂不可扩展，但是它的确可以在同一时刻存在于大脑中不同位置；而且，不少动物在头被切断后相当长的一段时间内，它们的灵魂还可以沿着脊髓继续活动，那为什么这种不可扩展的灵魂就不能驱动那些从身体分离的肢体呢？从另一方面来看，如果我们假设灵魂会占据具体的空间，那既然灵魂可以存在于完整的躯体之中，我不知道为什么它就不能存在于被分离的肢体中

① 参见伽桑狄、亨利·摩尔、艾萨克·牛顿、塞缪尔·克拉克和伽桑狄的论证《反对笛卡儿》，第 32~33 页。——原注

了。此外，既然普遍观点认为灵魂的可分性遵循着灵魂可以扩展的假设，那么为什么它就不可以是一种完美且必不可少的实体，以至于我们可以从它不同部分的分离中推断出这些部分与原来的本质性区别？而且，如果灵魂可以在同一时刻存在于身体各处（或者说任何重要身体部位）却不被辨识出来，那么它存在和运作的范围就会大大增加，这就导致即便灵魂被分离后在一些部位上发挥作用时，我们也无法推断出它的可分性。鉴于上帝无处不在，而且在具体空间中无限遥远之处，同时驱动着各种各样不同的系统，彰显了他拥有的统一性和不可分割性；那么，动物的灵魂就不可以存在于身体各处，同时驱动并激活着身体的不同部分吗？此外，在这些部分之间的连接断开后，难道灵魂就不能一边在分离的身体中活动，一边又作为同一的心灵而存在吗？”

一百年后，普夫吕格尔教授（图 1.6）——这位怀特的忠实拥趸——非常大胆地处理了这个被怀特柔和对待的问题。他曾承诺要演示一只脊髓被分成两半的小猫拥有两个灵魂。其中，脊髓前部表现的是意志控制下的自发动作，例如哭泣、奔跑、咬和抓挠；而脊髓后部的感觉、想法和动作都是随意的[①]。尽管这两部分都各自完全独立地行使自己神经的功能，但理性原则在每一部分中都有特别的体现，因为它们只不过都是灰质的功能，每一部分的灰质都继续发挥其内在固有的力量。

① 严格来说，脊髓前部做出自发的动作，即在无须外在刺激就能做出的动作；而由脊髓后部做出的动作则是反射，即在外在条件刺激下做出的动作。

图 1.6 爱德华 · 弗雷德里希 · 威廉 · 普夫吕格尔

德国生理学家，在胚胎呼吸、感觉、电生理学等方面做出了诸多贡献，与他同名的“普夫吕格尔定律”就是他研究电刺激及其与肌肉收缩的相关性的成果。

我必须承认，在我看来，如果我们采纳青蛙有灵魂的假设，那么普夫吕格尔的观点就是唯一合乎逻辑的观点。如果我们把青蛙的头切掉，断点在延髓和大脑的其余部分之间，此时，头和躯干所执行的动作不仅具有同等的目的性，也能同等地显示出，这两个部位都拥有着某种力量，这种力量能够为了适应它的目的而调节出一套方法，因而它不论在头部还是在躯干都能称得上“理性”。假如有两个人带着分离的青蛙头和躯干，沿着相反方向分别走 100 英里[①]远，当他们停下脚步时，头和躯干所执行的动作仍旧保持着目的性。这种情况下出现了两种可能选项：要么灵魂同时存在于脊髓和大脑中，要么只存在于其中之一。

① 1 英里≈ 1.609 千米，下同。

如果我们接受后一种假设，就可以得出，目的性的动作过程可以在没有灵魂的帮助下由物质完成——这实际上相当于接受了动物机械自动性学说。另外，如果我们接受前一种假设，那么灵魂要么是不可分的，要么是可分的。如果灵魂不可分，要么它是某种力量的中心，这种力量能够在相距 200 英里的两个地点发挥作用，要么它可以扩展至 200 英里以上。

无论采取以上哪一种观点，我都看不出青蛙的灵魂和物质有什么不同。

最后，如果青蛙的灵魂是可分的，那么它就一定具有可扩展性，因此，它也就属于物质的范畴。

我并没有试图讨论青蛙的灵魂是否具有意识，因为对我来说，这是一个完全无法解决的问题。

如果每个人去思考自己的行为，他们就会发现自己会不断地进行一些操作，这些操作最终会导向一些他未曾意识到的特别目的。因此，我们必须承认，青蛙所进行的那些不那么复杂的操作，可能也同样是完全缺乏意识的。究竟是不是这样的呢？我们无法获得确凿的证据，甚至都想象不到这样的证据。

笛卡儿《论人》中关于疼痛传导路径的插图。笛卡儿认为，从脚部到头腔的长神经纤维受热拉动后，能释放出使肌肉收缩的液体。

第 二 章

关于神经结构和功能的知识现状

本章内容原刊载于《英国皇家科学研究所学报》1854年和《医学公报》1857年第15期，并收入《托马斯·亨利·赫胥黎科学论文集》第一卷。

演讲者[1]首先将听众的注意力吸引到一根小小的指针上，这根指针和桌子上一个小型装置相连，并正在非常有规律地前后振动。引起这种振动的是一只青蛙的心脏（图2.1，青蛙依然存活，不过丧失了感觉），它在心包被打开后小心地裸露出来，一根与指针相连的针插进了它的心尖。在这种情况下，心脏会非常有节律地、全力地继续跳动几个小时；由于每一次心跳都会让指针画出一条特定的弧线，我们给心脏施加的任何影响，都会通过指针的运动让在场的诸位看得一清二楚。

青蛙的心脏是一大块中空的肌肉，由三个腔室，即一个心室和两个心房组成。两个心房被一个隔断或隔膜彼此隔开。通过这些腔室的连续收缩，血液被推向一个特定的方向：心房的收缩迫使血液进入心室；心室的收缩推动血液进入主动脉球[2]。如果要想充分发挥心脏作为一个循环器官的效用，那么心房的所有肌肉纤维都应该一起收缩，心室的所有肌肉纤维也应该一起收缩，但后者的收缩应该是跟在前者收缩的一定时间间隔后才发生。

---

① 本文是一篇讲座的摘要，因此在叙述视角上采用第三人称“演讲者”指称赫胥黎本人，下同。

② 现代医学一般称之为动脉圆锥。

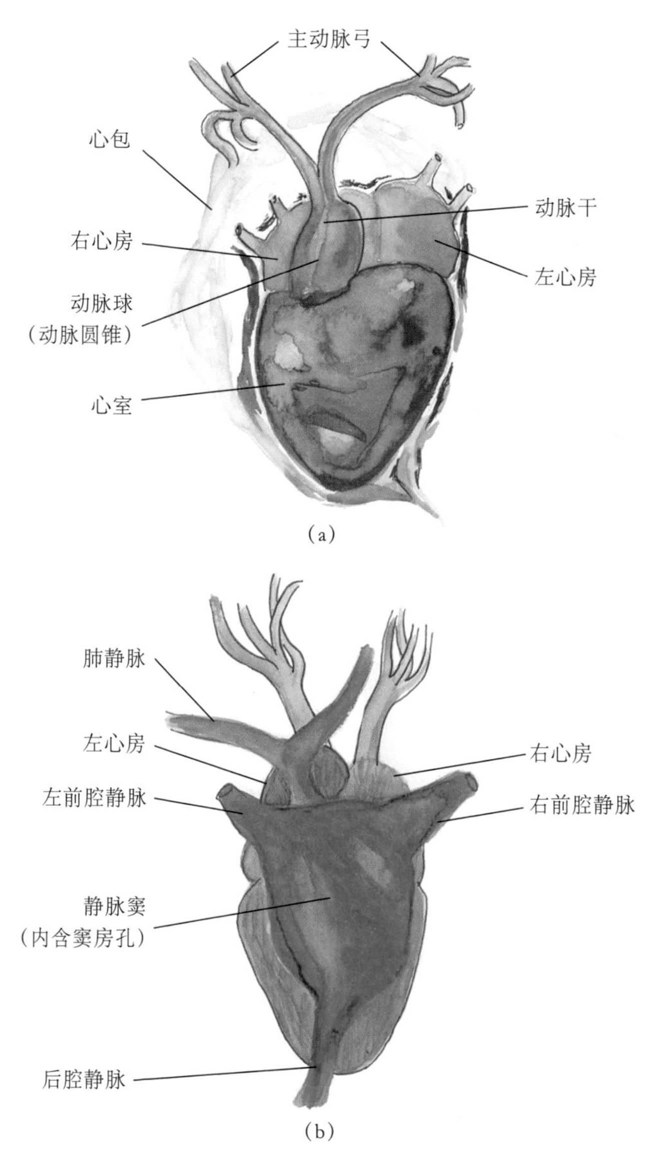

图 2.1 青蛙心脏的腹侧面和背侧面示意图

（a）腹侧面；（b）背侧面

因此，心脏肌肉的收缩是按照一定的规律进行的，并且表现出一种面向特定结果的组合方式。它们是有节律性的、有目的性的。要弄清控制其节律的调节力量位于哪里，就成了一个极为重要的问题。

如果我们仔细检查组成心脏的各种结构，就会发现，这个器官的大部分是由条纹状的肌肉纤维组成的，这些肌肉纤维由结缔组织连接在一起，沿着其内侧和外侧的上皮组织排列。现在我们可以肯定的是，在这些组织中我们找不到这种调节力量。就我们当前的目的而言，后两种组织可以被认为是无关紧要的，因为它们在产生和引导心脏跳动方面肯定没有起到任何作用。另外，肌肉组织虽然是心脏收缩的部位，但需要一定的外界刺激才能够进行收缩，而且一旦收缩，就会一直保持，直到另一个刺激去激发它。因此，在心脏的肌肉物质中，并没有什么东西能够解释它为什么会进行不断重复的、有节律性的搏动。

然而，已有实验清楚地表明，这种调节能力不仅位于心脏本身，还位于这个器官的特定区域。把心脏从体内取出，仍会继续跳动，因此这种跳动节律的源头应该在它本身当中寻找。如果心脏被纵向切成两半，每一半都会继续跳动；如果心脏被横向切开，切面在心房与心室的交界线和心室的尖端之间，分离的心尖部分将不再跳动，而另一部分会继续像之前那样跳动；如果切面横向穿过心房，那么两个部分都会继续跳动；如果心脏被两个横切面切成三个部分，一个切面在心房和心室交界处的上方，另一个在交界处的下方，那么分割出的心脏基部和中部还会继续跳动，心尖部分则会静止不动。很明显，我们应该在心房基部的某个位置，以及在心房和心室交界处的某个位置去寻找这种节律性跳动的源头——调节力量。

现在，在青蛙的心脏中，除了前面提到的三种组织外，还有第四种组织——神经组织。一个神经节位于心脏基部，大静脉[①]从这里进入两个心房，从这个神经节可以追踪到两条神经穿过心房中隔，然后进入另外两个靠近心房和心室交界处的神经节。神经从这些神经节分布到肌肉物质之中。现在，我们从其他条纹状肌肉[②]和神经所提供的证据中可以得知，肌肉的收缩是神经兴奋的结果；同样地，我们知道神经节是兴奋产生的中心。因此，我们有理由用类推的方式，在心脏神经节中寻找心肌收缩的来源。而且已有详尽的实验表明，在任何与这些神经节保持相连的心脏部位中，节律性的收缩会继续；而在任何与神经节分离的部位中，这种收缩则会停止。这说明这些神经节的确是调节力量的所在地。

接着，演讲者展示了另一个非常引人注目的实验，这一由韦伯（图 2.2）首次设计的实验间接得出了同样的结论。演讲者将一个电磁装置与桌上的青蛙连接在一起，使

① 此处的大静脉是指连入左右心房的 4 条大型静脉，包括连入静脉窦后通过窦房孔连入右心房的 3 条腔静脉——左前腔静脉、右前腔静脉、后腔静脉，以及连入左心房的肺静脉。

② 这里指的是骨骼肌。人的肌肉组织有 3 种形态——骨骼肌、平滑肌和心肌。其中，骨骼肌和心肌在结构上有条纹，属于横纹肌。

得一系列的电击通过迷走神经①进行传递。当电击产生的时候，诸位可以看到指针几乎立刻静止，而且只要继续电击，它就会一直保持静止；在断开与电磁装置的连接之后，心脏会继续静止一会儿，然后微弱地搏动一两次，最后会完全恢复跳动。这个实验可以被任意次重复，结果总是一样的。最重要的是，我们观察到在心脏停止跳动期间，指针始终处于其摆动弧的最低点，再加上器官处于膨胀状态，说明这种停止不是强直性收缩②的结果，而是完全舒张的结果。

图 2.2 恩斯特·海因里希·韦伯

德国医师，被认为是实验心理学的奠基人之一。本文中提到的迷走神经抑制作用实验，是由他在他的弟弟、生理学家爱德华·弗雷德里希·韦伯的协助下完成。

① 迷走神经是第 10 对脑神经，支配呼吸系统、消化系统的绝大部分和心脏等器官的感觉、运动和腺体的分泌，因此迷走神经损伤会引起循环、呼吸、消化等功能失调。赫胥黎在下文中对此亦有解释。

② 强直性收缩是一种肌肉接受一连串彼此时间间隔很短的连续兴奋冲动时而发生的持续性收缩状态。其中，由于各个刺激间的时间间隔很短，后一个刺激都落在由前一刺激所引起的收缩尚未结束之前，就又引起下一次收缩。因而在一连串的刺激过程中，肌肉得不到充分时间进行完全的休息，而一直维持在收缩状态中。

迷走神经的神经丝会向下延伸到心脏。每当这些神经丝受到刺激，节律性的跳动就会停止。因此，迷走神经要么直接作用于心脏肌肉，要么是通过它们会延伸到的部位——神经节间接发生作用。如果我们接受前一种假设，那么我们必须设想迷走神经对肌肉的作用与其他所有神经是相反的——因为对任何其他肌肉神经的刺激都会产生肌肉运动，而不是肌肉瘫痪。但是，这不仅是最不可能的，而且可以被证明是不正确的。因为照理说，迷走神经的刺激会引起心脏表面的停顿；但是当我们直接刺激心脏表面时，它却会立刻收缩。因此，麻痹的影响并没有施加在肌肉上，为了方便，我们把这种现象称为"负性神经支配"，并且只能将其假设成是迷走神经作用于神经节的结果。

所有这些实验的结果表明：第一，神经物质[①]具有刺激和协调肌肉运动的力量；第二，神经物质的一部分能够控制另一部分的活动。就心脏而言，很显然的是，意识和意志完全被排除在对神经物质活动的影响之外，而这些神经物质必须被视为一种可以表现出特定现象的物质。它的规律和磁铁所呈现的规律一样，都是属于物理研究的一个分支。

现在（我们依然小心地把和意识有关的现象排除在外），经过仔细地检查，我们会发现，神经的所有性质与心脏的神经物质所表现出来的性质，具有同样的秩序。每一个运动都是肌肉的运动，由神经的活动直接引起，而且就

① 本文中的"神经物质"包括神经、神经节在内的所有与神经相关的组织结构（与前文"肌肉物质"对应），与现代医学中的"神经递质"有所区别。

像心脏的肌肉与它的神经节有关一样，整个身体的肌肉也与构成脊髓的大神经节团以及其延伸出的延髓有关。这个颅脊神经中枢独立于意识，产生并协调身体所有肌肉的收缩，而且我们有充分的理由相信，意识器官与它相关，就像是迷走神经和心脏神经节相关一样。我们也有充分的理由相信，意志无论是引起运动还是控制运动，它都不是直接对肌肉施加影响，而是间接地对颅脊神经节施加影响。意志是一种自觉的想法、一种欲望，而运动是由颅脊神经节自动且无意识地产生和协调的结果，是产生某些肌肉收缩所需的神经影响的结果。

无论我们运动的最终原因是什么，它的直接原因都在于神经物质。神经系统是一个位于外部世界和我们意识之间的伟大机制——外物通过它影响着我们，我们也通过它影响着外物。于是，生理哲学家们已经在多大程度上确定了神经物质的性质和作用规律，就成了一个要弄清的最重要的问题。

长期以来，人们知道神经物质由纤维和神经节小体[①]两个要素组成。神经纤维要么是感觉纤维，要么是运动纤维，任何一种神经纤维的运动不会影响另外一种。但是，当神经纤维和神经节小体连接时，感觉神经的兴奋会引起运动神经的兴奋，在这里，神经节小体在某种程度上起着传播媒介的作用。长期以来，人们知道位于脊髓中央的“灰质”是身体神经的后根（即感觉纤维）、前根（即运动纤维）与

① 即今天所说的神经细胞（神经元）的细胞体。

神经节小体连接的位置，也是所谓的反射活动中，感觉神经的运动转化成相应运动神经的兴奋的通道。灰质的准确运作方式一直存在着很大的争议，但瓦格纳①、比德②、库普弗③和奥维斯亚尼科夫④的近期研究为整个问题提供了很大的启发，也大大简化了这一问题。首先，似乎所有的神经纤维都是神经节小体的突起（图 2.3）；其次，在脊髓中，大量的灰质只不过是结缔组织，真正的神经节小体相对较少，并且位于灰质的前角部分。最后，似乎没有一个神经节小体拥有 5 个以上的突起：一个成为进入神经的后根的感觉纤维，一个是进入前根的运动纤维，一个向上延伸到大脑，另一个穿过脊髓到达另一半脊髓中的神经节小体，还有一个也许与同侧的神经节小体建立了连接。

① 鲁道夫·瓦格纳，德国解剖学家和生理学家。他对神经节、神经末梢和交感神经进行了重要研究。

② 弗雷德里希·比德，德国生理学家和解剖学家。他曾参与关于消化液和新陈代谢的生理化学研究和关于交感神经系统的研究。

③ 卡尔·威廉·库普弗，德国解剖学家。他在人体肝脏中发现了一种巨噬细胞，后以他的名字命名为库普弗细胞。他也检查了哲学家康德的头盖骨。他的研究还涵盖了脑、脾、胰腺和肾脏的发育、外分泌腺神经支配、中枢神经系统的结构等。

④ 奥维斯亚尼科夫，俄国生理学家。他于 1871 年发现了血管运动中枢，并确定了它在延髓中的精确范围。

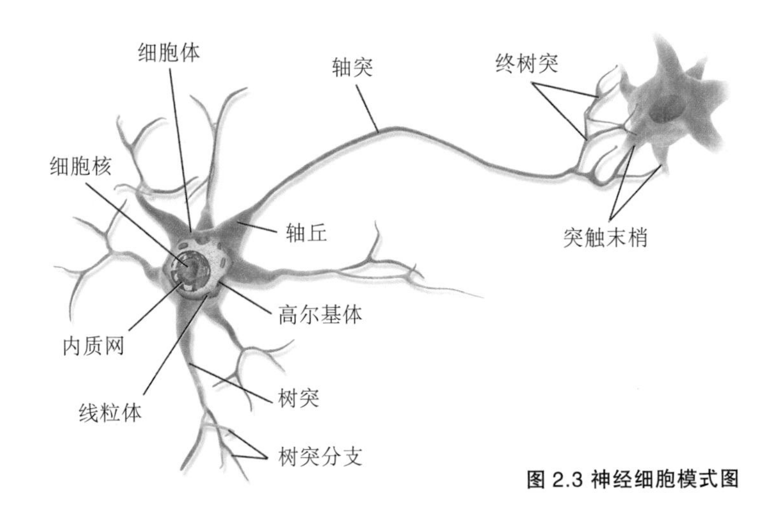

图 2.3 神经细胞模式图

我们不太可能高估这些发现的价值。因为如果它们是事实的话，关于神经活动的问题就会局限于以下这些疑问里（鉴于我们对感觉和运动过程的性质已经非常熟悉）：（a）神经节小体的性质是什么？（b）连合 2~3 个神经节小体的突起的性质是什么？

接下来，演讲者简要介绍了活动神经和非活动神经所表现出来的物理和生理现象，并指出，活动神经所表现出来的现象是如此特殊，从而证明了“神经力”这一名称能够适用于这种物质能量的形式。

演讲者接着指出，必须将这种神经力视为与其他物理力有着相同的秩序。他解释了亥姆霍兹（图 2.4）用来确定神经力传播速度（在青蛙身上不超过每秒 80 英尺[①]）的精彩

① 1 英尺≈ 30.48 厘米，下同。

方法。这项研究表明，神经力不是电，但是他引用了两个重要的事实来证明神经力与电有关，就像热和磁被我们认为与电有关一样。首先是杜布瓦-雷蒙[①]的“负偏转”，证明了神经活动会影响其粒子的电学关系；其次是埃克哈德[②]的一系列精彩实验（其中的部分实验已经在演讲者的富勒讲座[③]中被展示过），它证明了恒定电流沿着运动神经的某一部分中的传播会改变神经的分子状态，使它在受到刺激时无法激发收缩。

图 2.4 赫尔曼·冯·亥姆霍兹

德国物理学家、医生。他于 1849 年利用新解剖的青蛙的坐骨神经及其附着的小腿肌肉，测量出神经信号沿着神经纤维传导的速度约为每秒 24.6 米到 38.4 米。当时大多数人认为神经信号在神经中传导的速度是不可估量的。在本书《酵母》一文中，赫胥黎也提及了亥姆霍兹对发酵研究的重大贡献。

① 杜布瓦-雷蒙，德国医师和生理学家，是神经动作电位的发现者之一，也是现代电生理学的奠基人。

② 康拉德·埃克哈德，德国生理学家。他是神经根的运动和感觉投射的先驱研究人物。

③ 赫胥黎曾于 1855—1858 年在英国皇家科学研究所担任富勒教授这一教职，该教职由约翰·富勒创立。

我们不需要更进一步了解路德维希[①]和贝尔纳[②]的那些同样重要的实验（这些实验似乎表明了神经力和化学变化之间有着直接关联），就足以通过这些事实证明，神经力今后一定会在其他物理力之中取得一席之地。

这就是我们目前关于神经结构和功能的知识掌握的现状。我们有理由相信，就像磁性是某些铁矿石的性质一样，存在着一种神经力是神经的性质。这种力的速度是可以被测量的，它的规律在一定程度上得到了阐明，它赖以活动的机制的结构可能很快就会被揭示出来，其未来的研究方向是有限而明确的，所有与之相关的问题的解决都只是时间问题。

科学值得因为这些成果而得到祝贺。过去，把生命现象简化为法则和秩序的尝试几乎被认为是对神明的亵渎。但是机械学家已经证明，生命体服从普通物质的机械法则；化学家已经证明，组成生物的原子是受到亲和力支配的，与宇宙中其他原子获得的亲和力拥有同一性质；现在，生物学家在物理学家的帮助下，已经攻克了一切生命现象中最重要的问题——神经活动问题，并看到了成果。就这样，从无序神秘的地域，也就是无知的领土之中，科学又开辟出一个新的疆土——一个有序神秘的王国。

---

① 卡尔·路德维希，德国医生和生理学家，其影响力贯穿了生理学的几乎所有领域。他证明了分泌腺（如上颌下腺）的分泌过程伴随着自身和通过其血液的化学变化和热变化。他发现这种变化是由一种分泌神经控制的，如果适当地刺激这条神经，即便此时动物已经被斩首，唾液腺仍会继续分泌。

② 克洛德·贝尔纳，法国生理学家。他发现血管的收缩和舒张受神经调节，也发现胰腺在消化中的功能和肝脏的糖原功能。他后来将这些发现都归结为生物内环境保持稳态的表现。

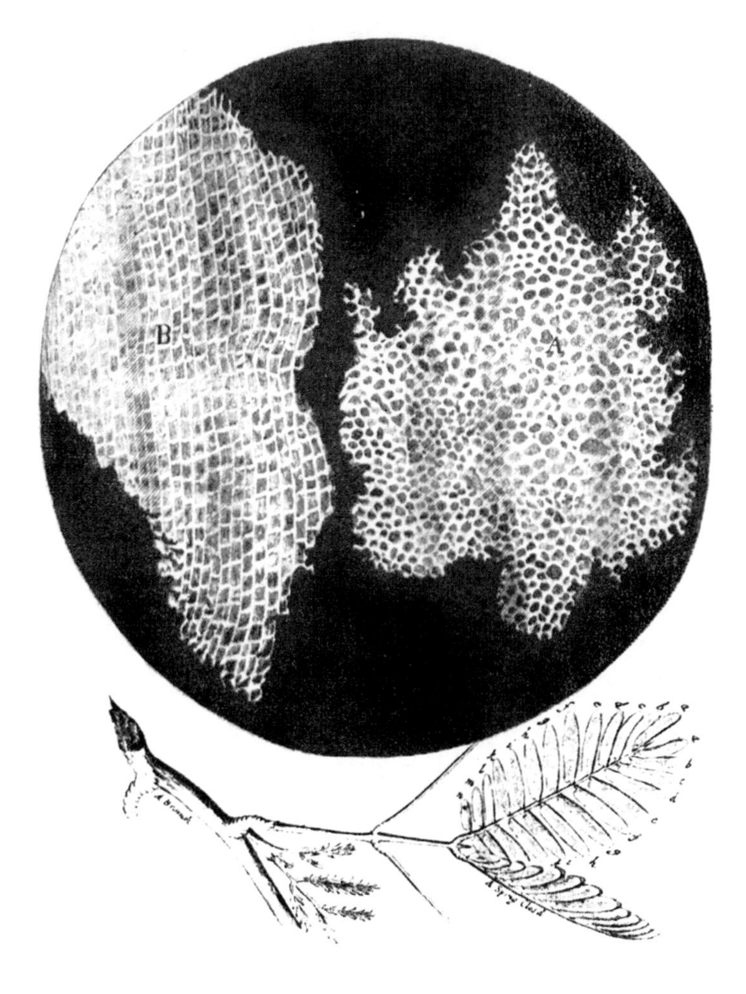

英国科学家罗伯特·胡克于1665年绘制的已死亡的软木细胞。这是人类历史上第一次成功观察到细胞。

第三章

生命的物质基础

本章内容原刊载于《双周评论》1868 年第 5 期，赫胥黎于 1892 年对正文和注释略有增补，将其收入《赫胥黎文集》第一卷《方法和结论》中。其中由赫胥黎本人增补的文字，在本章中以方括号表示。

为了使这篇演讲[①]的标题通俗易懂，我把我将要谈到的物质的学名，即“原生质”这一术语，翻译成了“生命的物质基础”[②]。我想，对于很多人来说，存在着一种事物，是生命的物质基础，或者说生命物质，似乎是一种新奇的观点——生命是一种从头到尾凭借物质运作但又独立于物质的事物这个观念，已经传播得如此广泛，即使是那些认识到物质和生命不可分割地联系在一起的人，也可能没有准备好去接受“一种生命的物质基础（即“生命物质”）这一短语所表明的结论，即有一种物质是一切生物所共有的，而生物无止境的多样性是由一个物质性的、理念化的统一体结合在一起的。事实上，像这样的一个学说最初被人所

---

①[本文的要点包含在一篇于 1868 年 11 月 8 日（星期日）晚在爱丁堡所发表的演讲中，这篇演讲是由 J. 克兰布鲁克牧师开办的一系列非神学主题的周日晚讲座的第一篇。我删去了一些可能只在当时当地有意义的短语。我也没有引用报纸上关于约克大主教演讲的报道，却引用了这位阁下随后出版的小册子《论哲学探索的界限》。但在本文中，我都已经努力把我的意思表达得比演讲更充分、更清楚。但大体上，就我记忆所及，此处所写和当时所说在形式上应该是一致的。]——原注

② 在英语中，“物质的”一词也含有“遵循自然规律和法则的”的含义。赫胥黎在文中具体讨论“生命的物质基础”时，也涵盖了这一层面。

理解时，从常识上看简直骇人听闻。老实说，和多种多样的生物相比，有什么东西能在能力、形式和本质上看起来会有更明显的不同呢？色彩鲜艳的地衣（它看上去如此像长在裸露岩石上的矿物硬壳），与以美为本能的画家或以知识为食的植物学家之间，能形成什么样的共有能力呢？

请诸位接着来想一想需要用显微镜才能观察到的真菌。它是一个极其微小的卵形颗粒，能够在一只活苍蝇体内找到足够的空间和时间，繁衍成数百万的个体。请诸位再想一想茂密的枝叶、华美的花朵和果实，它们介于简单的植物素描与加利福尼亚的巨松或者孟加拉榕[①]之间，前者可以高至教堂的尖顶，后者则用它深邃的阴影覆盖了数英亩的土地，当国家和王朝在它广阔的身形周边来去匆匆时，它依旧经久不衰。或者，我们再转向生命世界的另一半部分，请诸位想象一下从古至今最大的动物——蓝鲸，即便是在驶离船坞的最结实的船也会绝望挣扎的海浪中，它也能轻松地翻滚着它八九十英尺长的骨头、肌肉和鲸脂作乐。请诸位将它与我们看不见的微生物相对照——它们只不过是胶状的小颗粒，而且大量的微生物事实上都可以在针尖上跳舞，就像是经院哲学家们想象中的天使一样毫不费力。在脑海中有了这些图像后，诸位可能会问：在微生物和鲸之间，真菌和无花果树之间，乃至这四者之间，存在着什么形态和结构上的共同点呢？

最后，如果我们考虑物质层面，或者说物质的构成，

---

① 孟加拉榕，桑科榕属植物，原产于印度。树高 10~15 米，树叶呈长椭圆形，叶端为尖状。枝叶繁茂，向四方蔓生。

有什么隐藏纽带能够把戴在女孩头发上的花与她年轻的血管中流淌的血液联系起来呢？或者说，在橡树稠密坚韧的质地或陆龟结实的结构以及那些玻璃状水母宽大的圆盘之间——我们可以看到它们在平静的海水中跳动，但是把它们从水中的舒适区托起来后，它们会脱水，在我们手中只剩下薄膜——又有什么共同之处呢？

我想，每一个第一次思考生命存在的多样性背后的单一物质基础这一观念的人，一定会在脑海中出现这样的反对意见。但是，我准备向诸位证明，尽管有着显而易见的困难，但一种三重的统一性，即力量或能力的统一、形式的统一和实体构成的统一，确实遍布在整个生命世界中。首先，我们不需要非常深奥的论证就可以证明：各种生命物质的力量或能力，尽管在程度上可能各不相同，但是在性质上却是大体相似。歌德把对人类所有力量的考察浓缩成了著名的警句诗：

人们为何要奔波呐喊？他们要养活自己，
人生儿育女，再尽力养活他们。
……
没有人可以逃离这条道路。[①]

用生理学的语言来说，这意味着人类一切多种多样的复杂活动都可以分成三个范畴来理解：它们要么直接指向身体的维持和发展，要么会影响身体各部位之间相对位置

① 出自歌德《警句诗，威尼斯1790年》，第10节。

的短暂变化，要么趋向于物种的延续。甚至那些我们正确地命名为“高等能力”的智力、感觉和意志的表现，也不能排除在这个分类之外，因为对于除了它们的主体之外的每一个人来说，它们都只被看成是身体各部位之间相对位置的短暂变化。言语、手势以及每一种其他形式的人类活动，终究都可以被分解为肌肉的收缩，而肌肉的收缩也只是肌肉各部位之间相对位置的短暂变化。但是，这种大到足以容纳最高等的生命形态的活动的体系，也涵盖了所有更低等的生物活动。最低等的植物或微生物也会进食、生长和繁殖同类。此外，所有的哺乳动物都表现出我们分为应激性和伸缩性两类的短暂形态变化；而且当我们彻底地探索植物世界时，我们很有可能会发现，所有的植物在它们存在的某一时刻，也都拥有同样的能力。

我在这里指的并不是像含羞草的小叶或小檗的雄蕊[①]所表现出来的那种罕见而明显的现象，而是指分布更广，同时也更微妙、更隐蔽的植物的伸缩性的表现。诸位一定知道，荨麻具有能够刺痛人的属性，归功于它表面覆盖着的无数坚硬的、针状的而又十分精细的刺毛（图 3.1，G）。每根刺毛的底部较宽，往上则逐渐变细为一个细长的尖顶。尽管其末端是圆形的，但是其精微的细度足以刺破皮肤，并在里面折断。

① 小檗属植物的花中有 6 根雄蕊，它们对碰触十分敏感。如果有采蜜的昆虫飞进花朵，雄蕊会向雌蕊柱头靠拢，从而完成传粉。

图 3.1 异株荨麻雄性植株的上半部分

A. 雄性圆锥花序的一部分；B. 雄花；C. 雌性圆锥花序的一部分；D. 雌花及其苞片，花瓣之间有针状的柱头；E. 雌花及其苞片包裹一个果实；F. 去掉苞片和前瓣后可以看见的果实；G. 茎的一部分，有一根大刺毛。出自德国植物学家奥托·威廉·托梅《德国、奥地利和瑞士的植物学》(1885)，第二卷，图版 185。

整根刺毛由一个非常纤薄的木质外壳组成，一层半流体物质紧贴在它的内侧表面，里面充满了无数极其微小的颗粒。这种半流体内壁就是原生质。从而它也组成了一种里面充满了透明液体的囊体，其形状与它所填充的刺毛内部大致符合。如果用足够高的放大倍数观察，可以观察到荨麻刺毛的原生质层处于不断活动的状态，整个原生质层的局部收缩从一个点逐渐移动到另一个点，形成了一种渐进式的波浪，就像一阵微风连续吹弯了玉米秆，在玉米地上形成了明显的波浪一样。

但是，除了这些运动之外，这些颗粒还以相对较快的速度流过原生质中的通道。这些通道似乎具有相当大的持久性。最常见的情况是，原生质中相邻部位的物质流有着相似的流向；因此，有一股总的物质流在刺毛的一侧向上，而在另一侧向下。但是，这并不妨碍部分流向不同的物质流的存在。有时，我们可以看到颗粒的行列在相反的方向上迅速行驶，彼此距离不到 1/20000 英寸[①]；然而，两组相反方向的物质流偶尔会直接碰撞，且在经过一段或长或短的争斗后，其中一方会占据优势。这些物质流的成因似乎在于原生质的收缩，这会缩小它们的流动通道；但这些收缩又是如此之小，小到我们借助最好的显微镜也只能看到它们的效果，而看不到它们的过程本身。

我们通常只当成是“被动”的生物体的植物，在其微小刺毛内蕴藏了一种奇妙的能量。它给我们带来了上述奇

① 在本书中，1 英寸≈ 2.54 厘米，下同。

观，如果一个人持续数小时观察，既不中止也不放松的话，是不会轻易忘记这种奇观的。许多其他形式的生命器官可能存在的复杂性，似乎就像荨麻的原生质一样简单，这一点让人恍然大悟。一位杰出的生理学家提出，我们可以把原生质类比为拥有内部循环的躯体，但这种类比却让原生质失去了许多惊人的特点。人们已经在大量的不同的植物中观察到过类似于荨麻刺毛中的物质流，而且已有权威人士表明，这种物质流或简单或完美地存在于所有年轻的植物细胞中。倘若如此，热带雨林午间美妙的寂静，归根结底是由于我们听觉的迟钝。如果我们的耳朵能够捕捉到在构成树木的无数活细胞中回旋的这些微小旋涡的低语，我们应该会大吃一惊——这就像一座大城市的轰鸣声一样。

在低等植物中，伸缩性会在某些时期表现得更加明显，这是一种规律，而不是一种例外。藻类和真菌的原生质在许多情况下，会部分或完全地脱离其木质外壳，并以整个原生质体的形态运动，或者由其身体上一根或多根的颤动鞭毛的毛状延长体的伸缩力推动。而且就我们研究过的伸缩现象的条件而言，植物与动物是一样的。热与电击对两者都有影响，而且是以同样的方式影响，尽管可能在程度上并不相同。我的意思绝不是说最低等的植物与最高等的植物之间，或者植物与动物之间，在能力上没有区别；但是，最低等的动植物的能力与最高等的动植物的能力之间的区别，是程度上的区别，而不是种类上的区别。正如米尔恩 - 爱德华兹（图 3.2）在很久以前就明确指出的那样，这种区别取决于分工原则在生命经济中执行的程度。在最低等的生物体中，所有部位都能胜任所有功能，同一部分的原生质可能成功地承担了摄食、运动以及繁殖器官的功能；相反，在最高等的生物体中，大量的部件组合在一起来执行每一项功能，每一部件都以极大的准确性和效率来完成被分配给它们的那部分工作，但对于任何其他目的而言都是没有用处的。

图 3.2 米尔恩 – 爱德华兹

法国著名动物学家，他在爬行动物、珊瑚、鸟类等方面均有贡献，并于 1842 年当选为英国皇家学会外国会员。

另外，尽管植物与动物中的原生质的力量有着基本的相似性，它们仍然有一个惊人的区别。植物能够从无机化合物中制造新鲜的原生质，而动物不得不需要获取现成的原生质，因此归根结底，动物依赖于植物。生命世界两大分野的能力差异取决于什么条件，目前还不得而知。

在这一事实的限定下，我们可以确切地说，所有生物的行为从根本上说都是一种行为。那么，它们的形式是否也有这样的一致性呢？让我们从容易验证的事实中来寻找这个问题的答案。如果我们刺破一个人的手指并挤出一滴血，采取适当的预防措施，然后在一台倍数足够高的显微镜下观察，我们就会看到，在无数漂浮于血液中、并给予血液颜色的细小、圆形、盘状的小体中，有一些数量相对较少的无色小体，它们的体积更大，而且形状非常不规则。如果把这滴血放置在温度与体温一致的培养皿中，我们将看到这些无色的小体表现出一种奇妙的活动：它们会以极快的速度改变它们的形状，吸入和伸出它们生命物质的延长体，而且就像独立的生物体一样四处爬行。

像这样活动的物质是一团原生质体，它的活动与荨麻的原生质的不同之处在于细节，而非原理。在各种各样的情况下，小体会死亡，并膨胀成圆形的一团，在其中我们可以看到一个更小的球状物体，它存在于活的小体中，但却或多或少地隐藏了起来。这被称为它的核，我们可以在皮肤中、口腔内壁中以及整个身体结构的各个部位中，都可以找到结构基本相似的小体。不仅如此，在人类机体的最初状态下，在它刚刚可以和产生它的卵细胞区分开来的状态下，它只不过是这种小体的集合体，而我们身体中每一个器官曾经都不过是这种集合体。因此，一个有核的原生质团，就可以被称为人体的结构单元。事实上，人体在其最初的状态下，只是这种结构单元的成倍累积；在其完全成熟的状态下，它也是这种结构单元的成倍累积，只是经过了各种各样的调整和变化。

但是，这个最高等动物的基本结构特性的表达公式，是否也涵盖了所有其他动物，就像是对其力量和官能的表述涵盖了所有其他动物一样？其实非常接近。兽类和禽类，爬行动物和鱼类，软体动物、蠕虫和水螅，都由具有相同特性的结构单元——有核的原生质构成。有许多非常低等的动物，每一种从结构上看都只是一个个血液中的无色小体，过着独立的生活。但是，在动物等级的最底端，即使是这种简单性，也变得更加简单化，所有生命现象都是由一种没有核的原生质颗粒表现出来的。然而，这种生物并没有因为缺乏复杂性而变得微不足道。那些占满了海底广大区域的最简单的生命形态的原生质，是否会在数量上超过所有居住在陆地上的高等生物的原生质的总和呢？这是一个很好的问题。在远古时期，这些生物就已经是不亚于今天的最伟大的“岩石建筑工”了。

上述关于动物界的说法，同样也适用于植物界。在荨麻刺毛宽大的附着端的原生质中，埋藏着一个球状的核。细致的研究可以进一步证明，荨麻的整个生命物质是由大量重复的有核原生质组成的，每一个原生质都被装在一个木质“容器”里。这种“容器”在形态上有所调整，有时是一种木质纤维，有时是一种导管或者说螺纹导管，有时是一粒花粉或者胚珠。如果追溯到最初的状态，荨麻和人一样，在有核的原生质颗粒中产生。但在最低等的植物中，就像在最低等的动物中一样，这样的一团原生质就可以构成整个植物体，甚至也可以在没有核的情况下存在。

在这些情况下，我们很可能会问，如何将一团没有核的原生质与另一团原生质区分开来？为什么其中一个叫作“植物”，而另一个叫作“动物”？

唯一的回答就是，就其形态而言，植物和动物是不可分离的，而且在许多情况下，我们把一个特定的生物体称为动物还是植物，也只是一个习惯问题。有一种叫作腐黏菌[①]的生物体，出现在腐烂的植物物质上，而其中的一种形态常常出现在炭坑的表面上。在这种情况下，出于各种原因和目的，它是一种真菌，而且以前一直被认为是一种真菌。但是，德巴里（图 3.3）的研究表明，在另一种情况下，煤绒菌是一种活跃的生物，会吸收一些固体物质并以此为食，从而表现出动物性的最典型特征。它究竟是一种植物，还是一种动物？还是说两者都是，或者两者都不是？有些人决定支持后一种猜想，并且建立了一个中间王国，一个包含了所有这些存疑形式的生物学“无人区”。但是，在这个“无人区”与植物世界和动物世界之间，是不可能划出一条明确的分界线的，因此，在我看来，这种做法只是把之前单一的困难程度增加了一倍而已。

简单的，或者说有核的原生质，是所有生命的形式基础。它是陶艺家的黏土，不论陶艺家依照自己的意志怎么烤，怎么画，黏土仍旧是黏土；它与最普通的砖头和晒干的泥块之间，是被人为而非自然分开的。由此可见，所有生命力量都是同源的，所有生命形态根本上都是同一性质的。

---

① 现通用名为煤绒黏菌。黏菌属原生生物界黏菌门，没有单一细胞，而是形成一整团的原生质。它们均为单细胞生物，但聚集起来可以拥有极大的尺寸和重量。煤绒黏菌是一种拥有黄色外观的黏菌，在世界范围内广泛分布，经常在大雨或过量浇水后的城市树皮上发现。

图 3.3 海因里希 · 安东 · 德巴里

德国外科医生、植物学家和微生物学家。他被认为是植物病理学和现代真菌学的先行者。他致力于研究真菌的生活史，并有力地反驳了当时学界仍然持有的微生物的自然发生论。

化学家的研究已经揭示，生命物质中的物质组成具有同样惊人的一致性。严格地说，化学研究确实几乎不能或根本不能直接告诉我们生命物质的组成，因为这种物质必须要在分析过程中死亡。基于这一显而易见的理由，有人提出了一条在我看来似乎有些愚蠢可笑的反对意见，反对我们从唯一能接触到的死亡的生命物质中，得出任何关于实际活体生命物质的组成的结论。但是，这一类反对者似乎并没有想到，严格地说，我们对任何生物体的组成实际上是一无所知的。如果我们只是说，通过适当的处理，方解石的晶体可以被分解成碳酸气①和生石灰的话，那么“方解石的晶体由碳酸石灰②组成”这一表述是非常正确的。但诸位如果把同样的碳酸气倒在从中生成的生石灰上，会再次得到碳酸石灰，但它不会是方解石，也不会是任何类似于方解石的东西。那么，我们是否可以说，化学分析对研究方解石的

① 即现在我们所说的二氧化碳，本书表述尊重并沿用赫胥黎原表述。下同。

② 即现在我们所说的碳酸钙。

化学成分毫无帮助呢？这种说法将会是非常荒谬的。但是，它几乎不比人们偶尔听说的，“把化学分析的结果应用于产生这些结果的生物体是没有用处”的说法更加荒谬。

上面这种提炼过程无论如何也无法得出一个事实，那就是所有被研究过的原生质的形态，都包含碳、氢、氧、氮四种元素。这四种元素以非常复杂的方式结合在一起，而且它们对几种试剂的反应也十分相似。人们还从来没有准确地确定过这种复杂的结合体的性质，就已经把“蛋白质”这个名字应用在它身上。如果我们因为对“蛋白质”所代表的事物相对无知，从而谨慎地使用这一术语的话，那么我们可以确定地说，所有的原生质都是类似于蛋白质的。或者说，由于鸡蛋的白色部分——蛋白，是一种最常见的接近纯蛋白质的物质，我们可以说，所有的生命物质或多或少都是类似于蛋白的。

也许我们还不能肯定地说，所有形态的原生质都会受到电击的直接作用的影响，但是，证明原生质的伸缩是受这种作用影响的例子每天都在增加。我们也不能完全肯定地说，所有形态的原生质都会在 40~50℃的条件下发生一种被称为“热硬化”的特殊凝固现象[①]。然而屈内（图 3.4）的精妙实验证明，这种现象会发生在如此众多且多样的生物身上，因而期望这种规律适用于所有生物也几乎不是什么轻率之举。

---

① 现在，我们一般将这种现象称为蛋白质的变性。这是在某些理化因素的作用下，蛋白质的高级结构发生破坏从而丧失生物活性的现象。蛋白质变性的最典型例子就是鸡蛋煮熟的过程。

图 3.4 威廉 · 屈内

德国生理学家。他发现了蛋白质酶，也是“酶”这一词语的发明者。

也许人们已经提出了足够多的证据，证明无论研究哪一类生物，其原生质或生命的物质基础都存在着普遍的一致性。但我们会明白，这种普遍的一致性绝不排斥这种基本物质在形态上的种种特殊变化。碳酸石灰这种无机盐拥有极其多样的特性，可是没有人怀疑，在千变万化之中，它仍然是同一种事物。

那么，生命物质的终极命运和起源又是什么？它是否如一些过去的自然主义者所设想的那样，以分子的形式散布于整个宇宙，而其本身是无法被摧毁和改变的，但是在其无穷无尽的轮回之中，在无数的变化组合方式中，结合成我们所知道的多种多样的生命形式？或者说，生命物质是否由普通的物质组成，只是在原子聚合的方式上有着不同之处？它是否由普通的物质构筑而成，且会在这种构筑工作完成之后再次被分解为普通的物质呢?

现代科学在面对这些选项时没有丝毫犹豫。生理学在生命之门上写下了这句罗马诗人的忧郁诗句，并赋予了更为深远的含义:

> 我们和我们所拥有的一切，注定都会死去。[①]

不论以何种伪装躲藏，不论是真菌还是橡树，蠕虫还是人类，活体原生质不仅会最终死亡，分解成无机的无生命的成分，而且它总是会死亡。而且，尽管听上去是很奇怪的悖论，但是它不死就不能活。在《驴皮记》(图 3.5)这一精彩的故事中，主人公拥有了一张能满足他所有愿望的神奇的野驴皮，但是驴皮的面积代表了所有者的寿命。每满足所有者的一个愿望，驴皮就会按照愿望的强烈程度成比例地缩小。最后，主人公的生命与缩小到只有手掌大小的“悲哀的驴皮”一道，在最后一个愿望的满足中消失。巴尔扎克在这篇小说中的思想令他经受了人们广泛的思考和推测。人们认为，他在这一怪诞故事中对生理学真相的影射可能是有意为之。无论如何，生命物质就是一张不折不扣的“悲哀的驴皮”，每一次生命活动都让它变小一些。所有的运作都意味着耗费，而生命的运作直接或间接地导致了原生质的耗费。演讲者每说一个字，都会付出一些身体上的损失;而且从最严格的意义上来说，他的燃烧让其

---

① 出自古罗马诗人贺拉斯《诗艺》，第 63 行。

他人有了光芒——他有着如此好的口才，同时他体内有如此多的成分被分解为碳酸气、水和尿素。很明显，这种支出的过程不可能永远持续下去。

图 3.5 法国历史画家阿德里安·莫罗所绘的《驴皮记》插图

但可喜的是，与巴尔扎克笔下不同，原生质这块“悲哀的驴皮”有着被修复的能力，在每一次耗费之后，它都可以恢复原本的大小。例如，无论这次演讲对诸位来说有什么智识价值，对我来说它都有一定的物质价值。可以想象，这种物质价值可以由在这场演讲中用以维持我的生命过程的原生质与其他身体物质颗粒的耗费数量表示。在演讲结束时，我的这张“悲哀的驴皮”会明显比演讲开始时小。不久之后，我可能会求助于一种通常被叫作羊肉的物质，用来把驴皮拉伸回原来的大小。这种羊肉曾经是另一种动物——羊的活的原生质，尽管它或多或少地经过了一些变化。在我吃羊肉这种物质的时候，它也会经历同样的变化，这种变化不仅是源于死亡，而且也源于它在烹调过程中暴露于各种各样的人工操作中。

但是，无论这些变化程度如何，都不能恢复它作为生命物质的原有功能。我的体内拥有一个奇怪的内部实验室，能够溶解一部分经过变化的原生质，这样形成的溶液将进入我的血管，然后它受到的微妙影响可以把死的原生质转化为活的原生质，把羊转化为人。此外，抛开消化这件小事不谈，如果我去吃龙虾，这种甲壳类动物的生命物质也将经历同样奇妙的质变，成为人类。如果我在海上坐船回程中遭遇海难，这些甲壳动物也许且很可能会回敬我，并通过把我的原生质转化为活体龙虾来证明我们的共同性质。或者，如果没有更好的东西的话，我也许仅仅用面包就能满足我的需求，我应该会发现小麦植物的原生质可以转化为人，这不比羊麻烦，我想也远不比龙虾麻烦。

因此我认为，原生质所做的贡献来自什么动物和植物，似乎是一个无关紧要的问题，而这一事实充分说明了这种物质在所有生物中的普遍性。我和其他的动物一样，都具有这种在同化作用方面的普遍性，据我们所知，不论摄入的是同类还是植物的原生质，所有这些动物都可以同等地茁壮生长，但是，动物世界的同化能力在这里就停止了。只要往嗅盐[①]的水溶液中加上极小比例的其他盐类物质，这就包含了组成原生质的一切基本物质。但是，不需要我多做说明的是，一大桶这种液体既不能使一个饥饿的人免于饿死，也不能让一只动物免于同样的命运。动物不能制造原生质，而必须从其他动物或某些植物身上获取现成的原生质——动物在构造化学上的最高壮举，是将死亡的原生质转化为适合自己的活的生命物质。

因此，在寻找原生质的起源时，我们必须最终转向植物世界。一种含有碳酸气、水和铵盐的液体，对动物来说只是一场口惠而实不至的酒宴，而对多数植物来说却是一张丰盛的餐桌。而且，只要适当地提供这种物质，许多植物不仅能够保持自身的活力，还能够生长和繁殖，直到它把本来拥有的原生质数量增加一百万倍或一万亿倍。通过这种方式，它就可以从宇宙的平常物质中无限地建造出生命物质。

---

① 嗅盐是一种由碳酸铵和香料配置而成的药品，对人的嗅觉有刺激作用，特别是可以用来减轻昏迷或头痛症状。在赫胥黎所处的英国维多利亚时代，嗅盐是上流社会“淑女”们的必备之物。它被广泛用于唤醒昏倒的妇女，以至于警察也经常随身携带，以备不时之需。

因此，如人所说，动物只能将复杂的死亡的原生质物质，提升成能力更强的活的原生质；而植物则可以把碳酸气、水和铵盐这些和动物相比不那么复杂的物质，即便不能提升到与活原生质相同的水平，也能提升到与活原生质的相同个阶段。但是，植物也有其局限性。例如，有些真菌的萌发似乎需要更高级的化合物，而且没有一种已知的植物可以依靠原生质中未化合的元素来生存。如果我们给一株植物提供纯碳、氢、氧、氮、磷、硫等物质，它无疑就会像那只在嗅盐浴中的动物一样死去，尽管它会被原生质的所有成分所包围。其实，如果我们要达到植物魔力的极限，根本不需要把植物的养分简化到这一步；如果我们只提供水、碳酸气以及除铵盐以外的其他所有的必需成分，普通植物仍然无法制造原生质。

因此，就我们所知（我们无权推测其他事物），生命物质由于不断地死亡，即它表现出生命力（图 3.6）的条件，而分解成碳酸气、水和含氮化合物，它们除了普通物质的性质之外，完全不具有其他性质。从这些与普通物质形式相同的物质中，从这些没有比它更简单的物质中，植物世界建造出了所有维持动物世界运转的原生质。植物是动物分配和散播的力量的积聚者。

但是我们会发现，生命物质的存在取决于某些化合物的预先存在，即碳酸气、水和某些含氮物质。如果我们从世界上取走这三种物质中的任何一种，那么所有的生命现象就会结束。

图 3.6 贝采利乌斯

生命力（或称生机、活力）是一种解释生命与非生命、有机体和无机物之间区别的理论——生命力论中的核心概念。活力论者认为，生命力（或称“生机脉冲”“生命活力”“生命能量”“气”，以及本书第一章中的“灵魂”和本章下文中的“精素”）是活的生命体拥有的一种非生命欠缺的力量。这种力量是自我决定的、非物质的，我们无法完全以物理或化学方式来解释它。现代生命力论者的代表人物是瑞典化学家贝采利乌斯，他认为只有生物才可以从无机物合成有机物，实验室无法人工合成出生物制造的化学物质。他于 1807 年首次使用有机化学一词，用以形容“对源自生物的物质之化学研究”。但是，贝采利乌斯的学生弗雷德里希·维勒成功人工合成尿素，并向贝采利乌斯写信告知此发现，揭开了活力论消亡的序幕。

它们对于植物的原生质来说是必需的，正如植物的原生质对于动物的原生质来说是必需的一样。碳、氢、氧和氮都是没有生命的物质。其中，如果在一定的比例和条件下结合，碳和氧能结合生成碳酸气；氢和氧能生成水；氮和其他元素能生成铵盐。这些新的化合物，就像组成它们的基本物质一样，是没有生命的。但是，当它们在一定的条件下聚集在一起时，能生成更加复杂的物质——原生质，而这种原生质会表现出生命现象。

在分子复杂化的这一系列步骤中，我没有发现任何间断，也无法理解为什么适用于这一系列步骤中任何一个术语的语言，可能不适用于其他术语。我们觉得将不同的物质称为碳、氧、氢和氧是合适的，也觉得把这些物质的各种能力和活动称为其组成的物质的性质是合适的。当氢气和氧气按一定比例混合，并有电火花通过它们时，它们就会消失，取而代之的是一定量的水，其重量等于氢气和氧气的重量之和。水的被动能力和主动能力[①]，和生成水的氢气、氧气的被动能力和自动能力之间，没有丝毫的对等关系。在 32 华氏度[②]以及远低于这个温度的条件下，氧气和氢气都是灵活的气态物质，它们的粒子往往会以巨大的力

① 主动能力和被动能力是认识论中的一对二元概念，由洛克在《人类理解论》第二十一章《论能力》提出。洛克认为，人和事物有两种能力，一种是能够引起变化的“自动能力”，一种是能接受变化的“被动能力”。我们在认识事物时，认识的是事物可以由我们察觉到的种种观念的变化；我们对这种变化的认识，是由事物之间的自动能力和被动能力的关系，以及我们与事物之间自动能力和被动能力的关系产生的。

② 即 0℃。

量相互冲开。但在同一温度下，水是一种坚硬但易碎的固体，它的颗粒往往会凝结成一些特定的几何形状，有时还会形成形状最复杂的、像霜一样的植物叶片。然而，我们把这些以及许多其他奇怪的现象称为水的性质，而且还毫不犹豫地相信，这些性质或多或少是水的组成元素的性质的结果。我们不会认为，一种叫作“水力”的性质一旦在氧化氢形成时就会立即进入并占据它，然后把水粒子引导到晶体的切面或者霜的小叶中各自的位置上。相反，我们生活在这样的希望和信念中，即随着分子物理学的发展，我们将逐渐能够从水的成分中清晰地认识到水的性质，就像我们现在能够从手表各个零件的形状和组合方式中推断出它的运作过程一样。

在碳酸气、水和铵盐消失之后，在既有的活体原生质的影响之下，取而代之出现了同等重量的生命物质时，情况是否有任何改变？诚然，成分的性质与生成物的性质之间并没有某种对等关系，即便是在水的例子中也没有，而且我所说的既有的活体原生质的影响，也确实是很难以理解的。但是，又有谁能够完全理解通过氧气和氢气的混合物的电火花的准确运作方式呢？

那么，我们如何证明，存在着一种生命物质，在产生它的非生命物质中不具有它的代表物和相关物呢？为什么“生命力”这一词语比“水力”就有更高的哲学地位呢？而且自从马蒂努斯·斯克里布莱拉斯[1]以烤肉机内在固有的“烤肉力”来解释其运作过程，并且嘲笑那些用烟囱气流的运作机制，来解释吐出的口水在空中的转向现象的人的“唯物主义”以来，这些“力”就已经消失了，为什么“生命力”就比其他的“力”就有更好的命运呢？

假如科学语言在不论何处被使用时，都能保持其明确、固定的含义，那么在我看来，逻辑上，我们自然可以把在别处被认为是合理的观念，同样地应用到原生质，即生命的物质基础上。如果我们说，水所表现出来的现象是它的性质，那么活的或死的原生质所表现出来的现象也是它的性质。如果可以说水的性质是由组成它的分子的性质和排列方式的结果，那么我就找不到任何理由去拒绝“原生质的性质是其分子的性质和排列方式的结果”这种说法。

但是我要诸位注意，在接受这些结论时，您正把您的脚踩在第一级梯子上，而在大多数人看来，这个梯子与雅各的天国阶梯完全背道而驰。要承认一种真菌或有孔虫[2]迟钝的生命活动是它们的原生质的性质，也是组成它们的物质的性质的直接结果，似乎只是一件小事。但是，如果事实正如我试图向诸位证明的那样，它们的原生质与任何动物的原生质在本质上是相同的，而且可以最轻易地转化成

① 出自讽刺小说《马蒂努斯·斯克里布莱拉斯回忆录》。该作品由斯威夫特、蒲柏等英国文学名流组成的“涂鸦社”集体写作而成。作品中，马蒂努斯的父母为了把自己的儿子培养成天才，对古书崇拜到了荒谬的程度。结果，马蒂努斯非但没有成为一个学者，反而成了一个怪异可笑的伪文人。

② 原生生物的一个大类。

为任何动物的原生质，那么在承认这个情况，与进一步承认所有生命活动都可以以同样的方式说成是显示它的原生质的分子力量的结果之间，我没有发现任何逻辑停顿。倘若如此，在同样的意义和程度上，我现在所说的想法，以及诸位对它的看法，都是生命物质的分子变化的表现，而生命物质是我们其他生命现象的源头。

根据过去的经验，我可以还算肯定地说，一旦我刚刚向诸位提出的论点被公众评论和批评获晓时，它们将受到许多狂热人士的谴责，也许还会受到少数明智且深思熟虑的人的谴责。如果“粗鲁野蛮的唯物主义”在某些方面是用在他们身上的最温和的说法，我不会感到奇怪。而且，毋庸置疑，这些论点中的术语显然是唯物主义的。然而，有两件事是肯定的：其一，我认为这些说法大体上是正确的；其二，我个人并不是唯物主义者，恰恰相反，我相信唯物主义会牵涉到严重的哲学错误。

这种将唯物主义术语与对唯物主义哲学的拒斥结合起来的观点，是我与我认识的一些最深思熟虑的人所共有的观点。而且，当我第一次答应做这次演讲时，我觉得这是一个合适的时机，来解释这样的结合不仅符合健全的逻辑，而且是健全的逻辑所必需的。我的目的是引导诸位通过生命现象的领域，到达诸位陷入的唯物主义泥沼，然后向诸位指出我认为的唯一的解脱道路。

直到昨晚我到达这里后，我才意识到发生了一件事，这件事使我的这一系列论点非常适时。我在诸位的报纸上看到了《论哲学探索的界限》这篇雄论。这是前一天一位英格兰教会的杰出大主教（图 3.7）在哲学研究所的成员面前发表的。我的论点也正是围绕着哲学探索的界限这一点展开，而且为了更好地表达自己的观点，我不能不把我的观点与约克大主教阐述得清清楚楚且大体公正的观点进行对比。

但是，请诸位允许我对一件令我咋舌的事情做一个初步的评论。大主教把“新哲学”这一名称，用于我和许多其他科学界人士都认为是公正、合理的哲学探索的界限的判断上。他在演讲开头就把这种“新哲学”与孔德先生（图 3.8）的实证哲学（他说孔德先生是实证哲学的“创始人”）等同起来，进而猛烈抨击这位哲学家和他的学说。

现在，在我看来，我们最尊敬的大主教可能会将孔德先生当成现代的亚甲将他辩证地劈砍成碎片[①]，而我不应该试图阻止他。就我对实证哲学的特点的研究而言，我发现其中近乎或根本没有什么科学价值，其大量内容和教皇绝对权力主义的天主教中的那些东西一样，与科学的本质是完全对立的。事实上，孔德先生的哲学，在实践中可以被简明扼要地概括为“天主教减去基督教”的产物。

① 在《圣经》中，亚甲是亚玛力王，被先知撒母耳杀死，砍成碎片。

图 3.7 威廉 · 汤姆森

英国教会领袖，约克大主教，任期自 1862 年至去世。他也是皇家学会和皇家地理学会的会员。本图为卡罗 · 佩莱格里尼创作的讽刺漫画《社会的大主教》，刊登于《名利场》1871 年 6 月 24 日。

图 3.8 奥古斯特 · 孔德

法国著名哲学家，是社会学和实证主义的创始人。他的实证主义认为对现实的认识只有靠特定科学及对寻常事物的观察才能获得。

但是，“孔德主义”与大主教在下面一段话中定义的“新哲学”有什么关系呢？

请允许我简单地提醒您一下这种新哲学的主要原则。

所有的知识都是由感官获得的事实经验。旧哲学的传统把许多感官所不能观察到的东西混入我们的经验中，从而使我们的经验变得模糊，而直到抛弃这些附加物之前，我们的知识是不纯粹的。因此，形而上学告诉我们，在我们所观察到的事实中，一个事实是原因，而另一个事实是这个原因造成的结果；但是，经过严格的分析，我们发现我们的感官并没有观察到任何的因果关系。它们首先观察到的是一个事实接续于另一个事实发生，而且因缘际会，它们又会观察到这种接续从未失败过——我们应该用不变的接续来代替因果关系。旧哲学会教导我们，定义一个对象，需要通过区分一个对象的本质特性和偶然特性，但是经验却对本质性和偶然性一无所知，她只能看到某些标记依附于一个物体上，而且经过许多次观察，其中的一些标记始终如一地依附于其上，而另一些标记有时则会缺席……由于所有的知识都是相对的，“任何东西都是必然的”这一观念都必须和其他传统一起摒弃。①

如果“新哲学”这个术语指的是现代科学的精神，那么这里有很多内容表达了“新哲学”的精神，但我不能不

① 《论哲学探索的界限》，第 4~5 页。——原注

惊叹，当孔德被宣布为这些学说的创始人时，聚集在爱丁堡的智者和学问家们竟没有表现出任何异议的迹象。没有人会指责苏格兰人总是习惯性地忘记他们伟大的同胞大卫·休谟（图 3.9）；但这足以使他在坟墓里翻过身来——就在这里，几乎就在他耳旁，一位受过教育的听众在听到他最有特色的学说被归功于一位 50 年后的法国作家之后还能毫无怨言。在这位法国作家沉闷而冗长的书页中，我们同样怀念着这位 18 世纪最敏锐的思想家（这是我擅自的叫法）所拥有思想的活力与精致清晰的风格，尽管那个世纪也诞生了康德。

但我到苏格兰来，并不是要为她所诞生的最伟大的人物之一维护荣誉。我的工作是向诸位指出，摆脱我们刚刚所处的“粗鄙的唯物主义”的唯一途径，就是采用和严格贯彻大主教坚持要弃绝的那些原则。

让我们假设知识是绝对的，而不是相对的，因此，我们关于物质的观念就代表了它的真实情况。让我们进一步假设，比起事实之间明确的接续顺序，我们确实认识更多的因果关系，也认识这种接续的必然性（也因此认识必然规律的必然性），那么在我看来，我看不出有什么东西可以逃离彻底的唯物主义和必然论[①]。因为很显然，我们对所谓的物质世界的认识，首先至少与我们对精神世界的认识一样，是确定无疑的；同样明显的是，我们对规律的认识与我们对自发性的认识一样古老。

---

① 必然论认为任何事物均有其产生和变化的原因，都是合乎规律发展的必然结果。

图 3.9 大卫·休谟

苏格兰哲学家、经济学家和历史学家，苏格兰启蒙运动以及西方哲学历史中最重要的人物之一。在因果问题上，休谟主张，大多数人都相信只要一件事物接续于另一件事物而来，两件事物之间必然存在着一种关联。对此，休谟指出，虽然我们能观察到这种接续，我们却并不能观察到这两件事物之间的关联；我们能相信的知识，只有那些依据我们观察所得到的知识；我们对于因果的概念，只不过是我们对一件事物接续于另一件事物而来的心理习惯罢了。赫胥黎对休谟的学说十分推崇，他的《赫胥黎文集》第六卷就是《休谟》。

此外，我认为，我们人类的逻辑完全不可能证明这一点：存在一种事物可能不是某个物质性的、必然的原因的结果；我们也同样无法证明，存在一种行为是真正自发的。根据这个假设，一个真正自发的行为，是没有任何原因的行为；试图证明上面这种否定说法的行为，从表面上看是非常荒谬的。因此，虽然哲学不可能证明，存在一个特定现象不是某个物质性原因的结果，但任何一个熟悉科学史的人都会承认，科学的进步在各个时代都意味着，而且在当下比以往更意味着，我们称为物质和因果关系的范围的扩大，以及随之而来的、在人类思想的各个领域中对我们称为“精神”和自发性的东西的逐步摒弃。

在这篇演讲的第一部分中，我试图让诸位对现代生理学的发展方向有所了解。而且我也想问问诸位，把生命看成是物质分子的某种排列方式的产物这种观念，和把生命看成是由“精素”[①] 在每个生物体中统治和管理盲目的物质这种古老观念之间，除了在物质和规律已经吞噬了精神和自发性这一点上一样（这一点在其他地方也是一样的）之外，有什么别的区别呢？正如每一个未来肯定都产生于过去和现在，未来的生理学也将逐渐扩展物质和规则的领域，直到它可以与知识、感受和行动共存。我相信，对这一伟大真理的认识，就像是一场噩梦，压在当今许多最聪明的头脑身上。他们见证自己所认为的唯物主义的进步，就像野蛮人在日食时看到巨大的阴影在太阳表面蔓延一样，处

① 炼金术中的术语。

于一种恐惧而又无力的愤怒之中。不断前进的物质浪潮威胁着要淹没他们的灵魂，对规律的严格把握阻碍了他们的自由。他们担心人类的道德品质会因为智慧的增长而降低。

如果这种“新哲学”配得上它受到的责难的话，我承认他们的恐惧在我看来是有道理的。相反，如果我们可以请教大卫·休谟，我想他会对他们的困惑一笑置之，并责备他们甚至像异教徒一样，在他们亲手举起的丑陋神像面前恐惧地跪伏在地。

因为说到底，对于这种可怕的“物质”，除了它是我们自己意识状态的未知的假设的成因之外，我们又知道什么呢？我们对那个“精神”又有什么了解呢？它正面临着物质的威胁而消亡，发出了巨大的悲叹，就像是潘（图 3.10）在死亡时听到的悲叹一样，除了它是一个意识状态的未知且假设的原因或条件的名称之外，我们又知道什么呢？换句话说，“物质”和“精神”不过是几组自然现象的想象基础的名称而已。

图 3.10 潘在教授美少年达佛尼斯吹奏排箫

潘是希腊神话里的牧神。根据希腊历史学家普鲁塔克，潘是希腊诸神中唯一一个死亡的。他的死亡引起了人们一片叹息和恸哭。在西方基督教文化中，潘的死亡也意味着崇拜奥林匹斯众神的多神教时代的结束，基督教时代的来临。

那让人在其中悲叹的可怕必然性和“铁律”又是什么？这实在是最无端出现的棘手难题。我想，如果存在一个“铁律”的话，那应该就是万有引力定律了；如果存在一种物质意义上的必然性的话，那就是一块没有任何支撑的石头一定会掉到地上。但是，关于后一种现象，我们真正且又能够了解的是什么呢？很简单，我们知道在人类的所有经验中，在这种条件下，石头都已经掉到了地上；我们也知道，我们没有丝毫理由去相信，在这种条件下会有石头不会如此掉到地上；我们还知道，恰恰相反，我们有充分的理由相信，它将会这样掉下去。在这种条件下，通过把没有支撑的石头将会掉到地上这种说法称为“自然规律”，我们可以很方便地表明，它作为一种信条的所有条件都得到了满足。但是，当我们就像通常所发生的那样，把“将会”转化为“一定”时，我们就引入了一种必然性的观念，它肯定不存在于观察到的事实中，也不能保证我会在别的地方发现它。就我而言，我彻底否定并要诅咒必然性这个入侵者。我知道事实，我也知道规律；但什么是必然性呢？它除了在我的心灵上投下一个空洞的影子之外，它还能是什么呢？

但是，如果我们确定自己对物质或精神的本质不可能有任何认识，而且必然性的观念被非法地强加于完全合法的规律的观念中，那么，认为世界上除了物质、力量与必然性之外别无他物的唯物主义的立场，就像是神学教条中最没有根据的教条一样，完全没有合理性。唯物主义的基本学说，就像是观念论和大多数其他的“主义”一样，都在“哲学探索的界限”之外。大卫·休谟对人类的伟大贡献，就是他关于这些界限是什么的无可辩驳的证明。休谟自称为怀疑论者，因此，如果其他人也用同样的称谓称呼他，是不会受到指责的，但是，这不能改变这样一个事实，即这个名字及其现有的含义，对他来说是极不公正的。

如果有人问我，月球上的居民有什么政治活动，而我回答说：“首先，我不知道；其次，无论是我还是其他人，都没有什么办法知道；再次，在这种情况下，我拒绝在这个问题上给我自己找麻烦。”此时，我不认为他会有什么权利称我为怀疑论者。相反，我觉得我仅仅是给出了诚实的回答，还能适当地节省了时间。所以说，休谟强大且巧妙的智慧接手了很多我们天生会好奇的问题，并且告诉我们，它们在本质上就像是月球政治问题一样，因为它们本质上是无法被回答的，因此不值得世界上还有许多工作要做的人去留意。他在他的一篇文章的结尾这样写道：

> 我们如果在手里拿起一本书来，例如神学书或经院哲学书，那我们就可以问，其中是否包含了什么关于数和量的抽象推论？没有。其中是否包含了什么关于实在事实和存在的经验推论？没有。那么我们就可以将它付之一炬了，因为它所包含的没有别的，只有诡辩和幻想。[1]

① 出自休谟《人类理解研究》中的论文《论学术哲学或怀疑哲学》。[这篇文章的许多评论家似乎忘记了伦理和美学的主要内容，是由事实和存在所组成的。]——原注

请允许我执行这个最明智的建议。为什么要为那些不论多么重要，但我们一无所知，而且只能一无所知的事物而烦恼呢？我们生活在一个充满苦难和无知的世界里，我们每个人和所有人的朴素责任，就是使他们能影响到的那个小角落比他们进入之前少一些苦难和无知。为了有效地做到这一点，我们必须完全相信以下两个信条：第一，自然的秩序是可以被我们的能力确定的，其确定程度实际上是无限大的；第二，我们的意志作为事物发展的某种条件是有意义的[①]。只要我们愿意尝试，每个信条都可以通过实验来验证。因此，它们都建立在任何信条所能依赖的最坚实的基础上，并且构成了我们的最高真理之一。如果我们发现使用某套种术语或符号，而非其他术语或符号，更能促进我们对自然秩序的确定，那我们有明确的责任使用前者。只要我们牢记，我们仅仅是在处理术语和符号而已，这样就不会积累任何伤害。

就其本身而言，我们是用精神来表达物质现象，还是用物质来表达精神现象，都是无关紧要的：物质可以被视为思想的一种形式，思想可以被视为物质的一种属性——每一种说法都具有一定意义上的真理性。但是，从科学进步的角度来看，唯物主义的术语在各方面都是更可取的，因为它可以将思想与宇宙的其他现象联系起来，并且建议我们去探究物理条件或思想的伴随物的性质，这些是我们或多或少可以理解的，而且对它们的认识将来可以帮助我

①[或者，更准确地说，可以用意志来表达的物理状态，作为事物发展的某种条件也是有意义的。]——原注

们对思想世界进行同样的控制，正如我们对物质世界已经拥有的控制那样。然而，在另一种观念论的选项中，其术语是完全贫瘠的，除了思想的晦涩与混乱之外，它不会带来任何东西。

因此，毫无疑问，随着科学的进一步发展，自然界的所有现象会越广泛且一致地使用唯物主义的公式和符号来表示。

但是，那些忘记哲学探索的界限的科学界人士，在这些公式和符号中陷入了唯物主义通常所理解的东西中。在我看来，他们似乎把自己置于和数学家一样的水平上，竟然误认为在解决问题时所使用的 x 和 y 是一种实体，而且他们还有一个更进一步的缺陷，那就是与数学家相比，数学家的错误是没有实际后果的，而系统唯物主义的错误可能会麻痹精力，破坏生命之美。

[我不能说自己曾经抱怨过敌对批评的缺乏，但是，前一篇文章中这种批评所占的份额已经超过了它应占的份额。因此，对于普通的读者来说，最好结合它来研究福斯特博士[①]所著的权威《生理学教程》的第一章，以对过去 25 年内知识的迅速发展予以公正合理的考虑。1892 年。]

① 迈克尔·福斯特，英国生理学家，曾任伦敦大学学院、剑桥大学生理学教授。他因 1876 年出版的《生理学教程》而闻名，他也是《托马斯·亨利·赫胥黎科学论文集》的联合编辑之一。

Liber de arte Distillandi de Compositis.

Das büch der waren kunst zü distillieren die

Composita vñ simplicia/ vnd dz Büch thesaurus pauperū/ Ein schatz ð armē genāt Micariū/ die brösamlin gefallen vō dē büchern ð Artzny/ vnd durch Experimēt vō mir Jheronimo brūschwick vff geclubt vñ geoffenbart zü trost denē die es begerē.

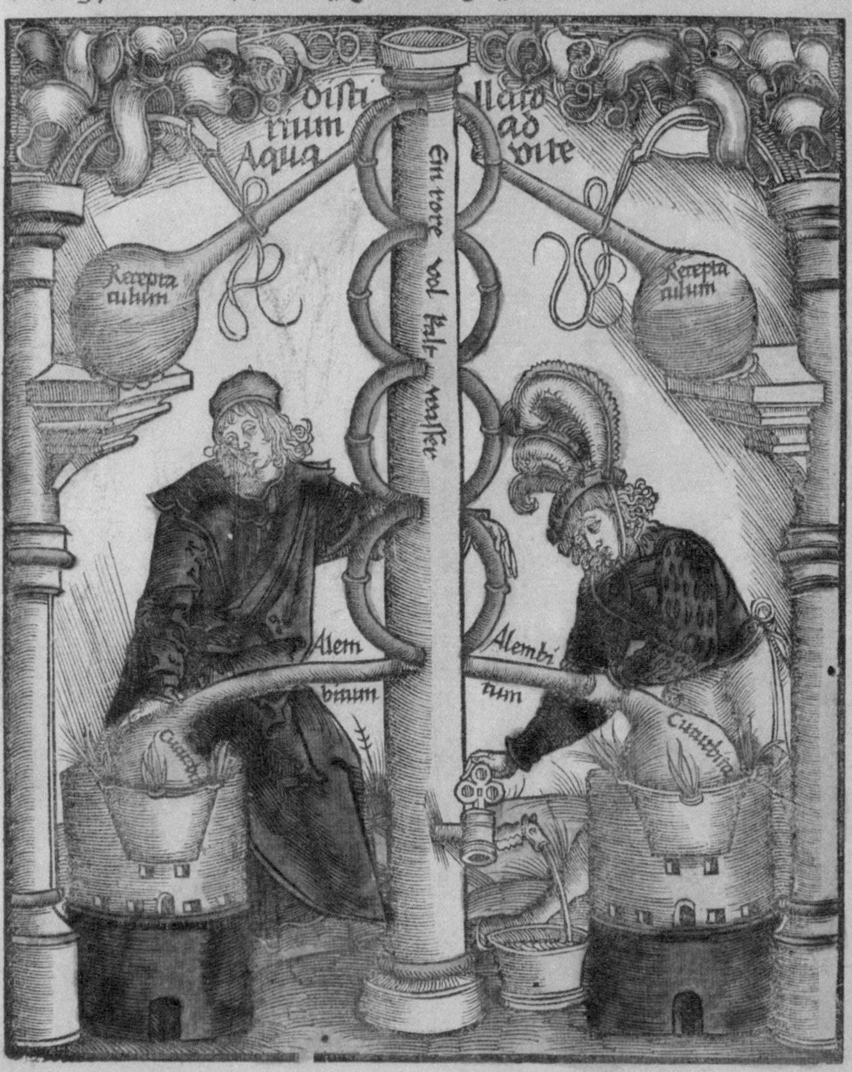

第四章

酵母

本章内容是赫胥黎在罗斯科（图 4.8）主办的系列讲座“给人民的科学课”上的一篇演讲，在增补之后刊载于《当代评论》1872 年第 19 期，并收入《赫胥黎文集》第八卷《生物学与地质学演讲集》。本章内容翻译自原始演讲稿版本，并根据《赫胥黎文集》进行了少量增补。

左图为一种名为“生命之水蒸馏器”的蒸馏装置的想象图，出自布伦契威格于 1512 年出版的《蒸馏术大全》。当时的炼金术士认为，蒸馏是一种将物质的精华与糟粕分离的技术，运用这种技术可以得到纯净的化学物质。图中，炼金术士点燃两边的火炉，使酒在其中沸腾，其蒸气通过一系列管道上升，重新凝结并收集到蒸馏器顶部的接收瓶中。早在古罗马征服时期，人们就把蒸馏葡萄酒所得的液体称为“生命之水”。后来，“生命之水”和赫胥黎在本章中提到的“酒的灵魂”一起，都成为专门指称含酒精的饮料的名词。

今晚，我之所以选择了酵母这个特别的主题，是出于两个原因，或者说是出于三个原因：第一，酵母是我们所熟悉的最简单常见的事物之一。第二，我要描述的事实和现象其实非常简单，简单到我在向诸位陈述它们时，可以不需要借助那些描述复杂事物才需要的图片和表格。如果我今天不得不要用到它们，那就意味着我需要时不时地转过身去、背对诸位，那么对我而言，让我所言被诸位听进去就变难了不少（本来就挺有难度了）。第三，我之所以选择这个主题，是因为我不知道还有什么常见事物能像酵母那样，不仅是我们日常知识和经验的构成部分，还往往能在对这些知识和经验稍加检查后，揭示出一些非常重要的问题。

首先，我想请诸位注意一个所有人都熟谙的事实：任何含糖的液体，或者任何压榨植物果肉而来的液体，或者蜂蜜和水的混合液体，如果把它静置一小会儿，它就会经历一种奇特的变化：在气温很高的条件下，不管它起初有多么澄清，只消几个小时，最多几天，它就会开始变得浑浊，逐渐冒出气泡，并在液体表面聚集一种看起来脏兮兮的黄色浮沫或浮渣；与此同时，一种我们称为“沉渣”[①] 的类似物质也会渐渐地沉淀到液体底部。

这些叫作“浮沫”和“沉渣”的脏东西的数量一直在增加，直到一定数量后才会停止。此时，您会发现形成这些物质的液体的性质已经发生了变化：起初，它只是一种甜味物质，拥有一种似乎是压榨之前的植物的味道；或者说，它只有糖水的口味，却没有糖水的气味。但是，当我刚刚向诸位简要描述的这种物质变化完成时，这些液体已经发生了彻底的改变：它得到了一种特殊的气味，而且更引人注目的是，它得到了让饮用者陶醉的性质。尽管糖水比所有事物更加无害，但众所周知，一旦饮用过量，那些糖发酵的产物就会比所有事物更加有害。其次，诸位只要注意到伴随着整个液体变化过程的冒泡现象（在某种程度上也可以称为翻腾）就会发现，它是由类似空气的小气泡从液体中逸出形成的。我还敢说诸位都会发现，这种类似空气的物质与普通空气并不相同，因为它不是一种可以供人自由呼吸的物质。想必诸位经常听说酿酒桶里发生的意外事故——那些不小心掉进酒桶的人，往往还没来得及知道是什么邪恶之物在窥伺着他们，就已经窒息而亡了。诸位只要用我说的这种发酵中的液体做试验就会发现，任何被放进容器中的小动物都会窒息，任何伸进瓶底的火焰也都会熄灭。最后，在这些液体发生以上变化之后，如果诸位去用它进行一种叫作“蒸馏”的操作（即把它倒进蒸馏

① 即酒渣或酒糟。

器，然后收集所有挥发出来的物质），只要加热一次就能得到一种清澈透明却完全不同于水的液体。它要轻得多，有一种强烈的气味和辛辣的口感；它与原始液体一样，拥有一种让人陶醉的力量，但程度更为强烈。如果您用火点燃，它就会燃起明亮的火焰。这种物质就是我们所知的“酒的灵魂”①。

我刚刚向诸位陈述的这些事实（最后一件除外），在极为遥远的古代就已为人所知。在各族人类的最早期历史记录中，诸位都可以找到我希望中古代风俗的最好物证之一——他们醉酒时刻的记录。我们会希望这一定处于他们历史上很晚近的时期。我们不仅有诺亚的醉酒记录，而且如果我们把眼光转向另一群人——曾居住在印度北部高地的我们的祖先——的传统，就会发现他们也对这种醉人液体的瘾头不小。我坚信他们对这种液体变化过程的了解，远远早于有历史记录的时期。我们还会发现一件非常奇怪的事：这个过程及其内部细节的所有名词的词根，都不在我们今天的语言中，而要追溯到人类在本国兴起之初的古老语言。例如，“fermentation”（发酵）这个词，是我们用来描述整个液体变化过程的拉丁术语，它显然建立在液体冒泡的事实基础上。很喜欢自称是拉丁人种的法国人，有一个特别的词“levure”来表示发酵，我们英语也同样有一个词“leaven”，这两个词都指物体在发酵过程中隆起

① 在今天的英语中，单词“spirit”亦有“烈酒”的含义。

的情形。上述词语都源于我们语言的拉丁语血统[①]；但如果把目光转向撒克逊语血统，我们会发现大量与发酵过程有关的名词。例如，日耳曼人自古以来就把发酵过程称为“gähren”[②]，还用“gäscht”“gischt”[③]等类似的词语称呼任何可以用作酵母的物质。这些词语并最终演变成低地德语词语“yest”“yst”，它们被我们的撒克逊祖先使用过，也和我国用来表示我所说的普通酵母的词语“yeast”几乎相同。第二个名词是“hefe”，它派生自动词“heben”，意思是“隆起”。第三个名词是“barm”（发酵泡沫），它也在我国十分常见（我不知道它在兰开夏郡[④]是否常见，但它在英格兰的中部地区肯定广为人知），它派生自一个表示“举起”或“支撑”的词根。“barm”表示的是“支撑物”，因此，咽下喉咙的啤酒和饮酒过量带来的棺材之间的联系，要比那些说双关笑话的人通常所想更加货真价实。这是由于啤酒和棺材这两个词语派生自一个表示“支撑”的词根，后者由人们的肩膀来支撑，而前者这种发酵液体则由其中发生的发酵过程支撑。

另外，我把发酵过程的产物称为“酒的灵魂”。诸位只要稍加想想就会觉得，这是一个多么不寻常的词语。古代的炼金术士每每提及任何事物最纯净的精华时，仿佛它

① “levure”和“leaven”都可以追溯至拉丁语“lēvō”，意为举起、升起；“lēvō”还可以再追溯至拉丁语“levis”，意为轻、缺乏重量。

② 另外还有“gäsen”“göschen”“gischen”。

③ 在古英语中分别写作“gest”“gist”。

④ 本篇演讲在内的系列讲座“给人民的科学课”在兰开夏郡举办。

与事物本身的关系就像人的灵魂与肉体的关系一样，因此，他们也把发酵液体的纯净精华称为这种液体的“灵魂”。这给语言带来了一种超乎寻常的模糊性，凭此，诸位可以对人的灵魂和杜松子酒使用完全同一个名词！除此之外，关于该物质，我们还有一个非常奇怪的命名方法。它就是诸位都很熟悉的词语“alcohol”（酒精）本身，它最初的意思是一种非常纯净的粉末。阿拉伯等东方世界的妇女就习惯用由锑制成的黑色粉末来染睫毛，并将其称为“kohol”。而“alcohol”一词中的“al”只是置于“kohol”前面的冠词，好比英语中的“the kohol”。在17世纪前的我国，“alcohol”一直都被用来表示非常纯净的粉末。诸位可以在波意耳（图4.1）的作品中发现，他也用“alcohol”表示一种非常纯净精妙的粉末。不过后来，这个表示纯净精妙之物的名词，与糖发酵所生成的纯净微妙的灵魂产生了特别的联系。而且我认为，第一个将“alcohol”确定为我们通常所说的“酒的灵魂”的专有名词的人，是伟大的法国化学家拉瓦锡（图4.2）。所以“alcohol”的用法开始拥有这层特殊的含义，其实是相对新近发生的事情。

以上就是我对今晚演讲的主题的简要介绍。目前为止，我所讲的只不过是我们所说的“常识”，即每个人都可以很熟悉的知识。诸位也知道，我们所说的“科学知识”并非人们有时所想象的某种戏法，而是我们把应用于众所周知之物的常识性原理，同样应用到——如果我可以这样说的话——并非众所周知之物上。

图 4.1 罗伯特·波意耳

爱尔兰自然哲学家、炼金术师，在化学和物理学方面都有杰出贡献。虽然他的化学研究仍然带有炼金术色彩，但是他对空气是燃烧的必要条件的发现，以及在《怀疑派的化学家》一书中对四元素说的批判、只有不能互相转化和不能还原成更简单的东西才能够被称为“元素”的主张，仍然被视作化学史上的里程碑。

图 4.2 拉瓦锡

法国化学家、生物学家，被后世尊称为“近代化学之父”。他发现了乙醇是由碳、氢、氧三种元素组成，也明确了“固定空气”（当时对二氧化碳的称呼）是由碳和氧组成的，测定了其中碳和氧的质量比（碳占 23.4503%，氧占 76.5497%），并将其改称为“碳酸气”。

我们现在所知的关于酵母这种物质的所有知识，以及这些知识带领我们发现的所有奇怪问题，都源于我们人类的一种习惯。这种习惯根深蒂固，但对我们人类而言是莫大的幸运——对科学界人士们而言，直到他们理清看似简单的现象中所有不同的链条及其联系之前，直到他们将其分解成众多片段、从而理解它们所依赖的条件和状况之前，他们绝不满足。接下来，我要向诸位指出以下四个问题：

第一，如果我们努力将被我们称为“分析”的步骤——从一个貌似简单的事实，梳理出构成它的所有微小事实——应用到我们已经弄清的有关发酵泡沫和酵母的事实中，会得出什么样的结论。

第二，我们对发酵过程产物性质的探究得出了哪些成果。

第三，我们对酵母和发酵产物之间关系的探究得出了哪些成果。

第四，上述探究过程又延伸出了什么有趣的枝节问题（如果我可以这么称呼它们的话），这些问题在人们的头脑中已经占据了约两个世纪了。

首先我们要做的，就是准确清晰地理解这种看上去只不过是浮沫或淤泥的、被我们称为“酵母”的东西的性质。对这个问题的深入探索始于约两百年前的一位伟大荷兰先人——列文虎克（图 4.3）。他也是第一个发明出完全可靠的高倍显微镜的人。列文虎克研究了这种酵母泥，在用高倍显微镜观察之后，他发现这种酵母泥并不像诸位一开始可能会构想的那样，仅仅是一种淤泥，而是一种由大量微小颗粒组成的物质，每个颗粒都有着像玉米粒一样的固定形状。但是，正如诸位所知，它其实要比玉米粒小得多——其最大颗粒的直径不超过 1/2000 英寸，最小颗粒的直径也不超过 1/7000 英寸。列文虎克发现，这些像泥巴一样的东西实际上是一种液体，其中漂浮着大量形状固定的上述颗粒。它们全都聚集成堆、成块，当然也有一些处于分散状态。这一发现可以说是沉寂了一个多世纪，直到被一位法国人拉图尔[①]接手。

图 4.3 列文虎克

荷兰贸易商与科学家，被称为“光学显微镜与微生物学之父”。他借助手工自制的显微镜，首先观察并描述了一些单细胞生物，并将这些生物称为“微生物”。他亦于 1680 年首次观察到了显微镜下的酵母菌，但在当时，他并没有将酵母菌视为一种生物体。

---

① 拉图尔，法国物理学家。他不仅研究了声音产生的原理，也在 1837 年前后使用显微镜观察了酵母。

拉图尔对此非常投入，在实验器具上也比列文虎克更有优势。他在仔细观察这些东西之后有了惊人的发现：它们是一种不断繁殖生长的生物。一旦这些圆形生物中的某一个体形成并生长到完整尺寸，它就会立刻在一侧长出一个芽体（图 4.4）。这个芽体会继续生长，直到有母体那么大。通过这种方式，酵母颗粒经历了出芽生殖的过程，这和植物发芽繁殖的过程一样有效、完整。于是，拉图尔凭借他的远见卓识得出了结论：这种看起来像泥巴一样的废料，其实是一堆植物[①]，且是一种微小的活体植物，它们在酵母形成的含糖液体中生长、繁殖。这一结论已经被后人的观察和推理所证实。从此，我们就知道了这种组成浮沫和沉渣的物质，就是酵母菌。它也得到了一个学名“圆酵母”，我可以不假思索地使用这个名词，因此我也把这个名词告诉诸位。这确实是一个伟大的发现。

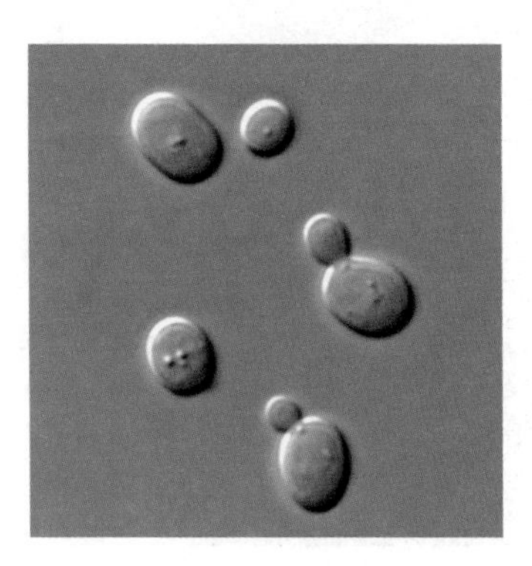

图 4.4 酿酒酵母

其中右侧和下侧的两个酵母菌正在进行出芽生殖。

① 现在，我们一般不认为酵母是一种植物，而是一种真菌。

接下来，我们要理清圆酵母这种酵母菌与其他植物之间的关系。我不会讲整个研究过程，因为我不想让诸位感到无聊乏味，但我可以简要概括一下结论：这种圆酵母是一种特殊的真菌，或者说是一种真菌或霉菌的特殊状态。有很多霉菌在特定条件下都会变成这种和酵母一样的状态，变成一种无法与酵母区分，且与酵母有着相同属性的物质。这即是说，它们都能以一种奇特的方式分解糖。我们将在不久之后去研究这种分解过程。所以，这种酵母菌是属于真菌的一种植物[①]，并以一种十分惊人的方式在含糖液体中繁殖、生长和存活。可以说，含糖液体是酵母的发源地，也是酵母的家。

总之，以上就是那些借助肉眼和显微镜的研究告诉我们的结论。但是，接下来这位研究者，和那些使用肉眼的人相比，即便是和那些借助显微镜的人相比，在观察方法上都要完善得多；和我们这些直接观察的研究者相比，运用间接观察法的他也看到了更多。他是一位化学家，而他对这个问题的发现和那些使用显微镜的科学家们的发现一样引人注目。这位化学家发现，酵母菌是由一种“袋子”或者囊体组成的，里面是一种奇特的柔软半流体物质。这位化学家发现，囊体外层的组成物质与木质相同，这种物质叫作“纤维素”，含有碳、氢和氧这几种元素，而没有氮元素。不过，他之后又发现（第一发现者是 18 世纪末的意

① 现在，我们一般不认为真菌属于植物的范畴，真菌界和植物界是真核生物中独立的两个界。

大利化学家法布隆尼[1]），这种组成酵母菌的囊体的内部物质含有碳、氢、氧、氮这几种元素。这就是法布隆尼所说的植物—动物物质，它具有我们通常所说的“动物产物”的特性。

这又是一个非常了不起的发现。它被忽略了一段时间，直到今天才被伟大的化学家们接受。接着，化学家们凭借完善的分析方法最终确定，在所有基本方面上，酵母菌的主要成分，与我们的肌肉、血液，以及鸡蛋白的主要成分是极其相似的。他们也确定，事实上，尽管这种小小的有机体是一种植物，而且只是一种植物，但是其活性生命物质包含了一种名为“蛋白质”的物质，它与任何动物有机体的基础成分拥有相同的性质。

下面，我们来分析发酵过程中生成的物质。早在古代炼金术与现代化学的过渡时期——16 世纪初期，一位了不起的尼德兰人范·海尔蒙特（图 4.5）发现了酿酒桶在发酵过程中生成的气体与普通空气之间的区别。他最先发明了“气体”这个词语，并将这种发酵过程生成的气体称为“来自木头的气体”，即一种野蛮并存在于偏僻之处的气体。在他心目中，这种特殊气体与洞穴和地窖中的气体是一样的。

---

① 法布隆尼，意大利博物学家和化学家。他认为仅有糖类无法完成发酵，还需要植物—动物物质作用于其上。他认为这种物质存在于小麦麸质和葡萄汁的沉淀物中。

图 4.5 范 · 海尔蒙特

西属尼德兰（今属比利时）化学家，生理学家，医生。他将四元素说中的四种元素削减为水和空气，区分了空气和其他化学反应生成的气体，将我们今天称为“二氧化碳”的这种气体命名为“来自木头的气体”，因为这种气体是燃烧木头产生的。

图 4.6 约瑟夫 · 布莱克

英国医生和化学家。“固定空气”是他对我们今天称为“二氧化碳”的气体的称呼。他在 1754 年发现，石灰石（即碳酸钙）在被煅烧或加入酸后会生成这种气体，由于这种气体就好像是固定在石灰石中一样，于是他把给这种气体命名为“固定空气”。他发现，“固定空气”可以被碱吸收，点燃的蜡烛在其中无法燃烧，而小白鼠在其中则会窒息死亡。

后来，随着研究的深入，人们逐渐发现这种后来被称为“固定空气”（图 4.6）的气体是一种有毒物质，并且与在空气中燃烧木炭所得的碳酸气是一样的。之后，研究者们又对酒精进行了检测，发现它是由碳、氢、氧这 3 种元素组成的化合物；他们也检测了发酵液中所含的糖，发现其中也含有碳、氢、氧这 3 种元素。因此很显然，碳酸气和酒精中所含的这些基本元素，也存在于糖当中。

接下来我要讲的人物是伟大的法国化学家拉瓦锡。他仔细探究了这个问题，并且有着极其深刻的见解——物质不灭，质量守恒；物质只是改变了自己的形式和变化组合的方式。这一见解恰巧可以解决他想要弄清的这一发酵问题——糖在经过发酵后变成了什么。他认为，他发现糖的全部重量反映在发酵过程所生成的碳酸气的重量上。换句话说，如果我们把一个杯子比作糖，那么发酵的作用就像是把这个杯子打碎成两半，一半会以碳酸气的形式消失，另一半会以酒精的形式消失。

针对这个问题，后人已经运用完善的现代化学方法进行了细致的研究。他们发现拉瓦锡的见解并不完全正确——他的说法对糖质量的 95% 来说是完全正确的，但另外 5% 或者接近 5% 质量的糖转化成了另外两种物质：一种叫作琥珀酸，另一种则是众所周知的最常见的一种家居用品——甘油。我接下来要说的话还会带有一些犹豫，唯恐我的朋友罗斯科教授（图 4.7）会因为我擅自闯入他的研究领域而挑我的毛病；但无论如何，即便我们也许还没有完成这种细致分析，我也相信自己现在可以解释糖质量的至少 99%，这 99% 被分解成了碳酸气、酒精、琥珀酸和甘油这 4 种物质。这样一来，在发酵过程中，不管发生了什么，也不会有糖凭空消失——我们只能说糖的一些部分被重组了。即便一部分质量的糖消失了，那也只是很小的一部分。

图 4.7 亨利 · 罗斯科

英国化学家，系列讲座“给人民的科学课”的创办者。当时，英国兰开夏郡棉纺织业正在经历严重的社会经济危机。为了改善失业者的绝望情绪，罗斯科和同事们平均每周向 4000 多名听众进行 100 多场关于音乐、科学、地理等主题的夜间演讲。后来，这些讲座发展为长达 11 年的“给人民的科学课”。赫胥黎在其中讲授了酵母、珊瑚礁、血液循环等话题。讲座出版后以一便士的价格广泛出售。

以上就是发酵问题中的两个事实：我们讲了酵母菌的生长，也讲了糖的分解。那么，这两个事实之间又有着什么关联呢？

这个问题在很长一段时间里争论不断。公正地说，早年的法国研究者们就已经发现了这一问题的真实情况，即酵母菌的实际生活与糖的这种分解过程之间有着一种非常紧密的，这样或那样的联系。所有后人研究都证实了这一最初构想。研究者们已经证明，采取任何能够杀死酵母菌以及其他类似于酵母菌的植物的方法，会使酵母完全失去效用。不过，有人针对这个问题做了一个可以说是极为重要的实验，这位杰出的研究者就是亥姆霍兹。在这个实验中，他有两个容器，我们设想其中一个容器装满了酵母，并在它的容器底部上方系上一层薄薄的囊膜。透过这层薄膜，酵母中的所有液体部分就会流失，固体部分（即酵母菌）则会被阻挡在外。接着，他把盛满了一种可供发酵的糖水的另一个容器放进第一个容器。诸位就可以看到，酵母中的液体部分很容易就能进入糖水，而固体部分则完全不能。于是黑尔姆霍尔茨做出以下判断：假如是酵母的液体部分引起了糖水发酵，那么只要这些液体被阻止与糖水接触，糖水就不会发酵。然而，实验中的糖水并没有发酵。这就很清楚地说明，要引发糖水的分解过程，与活体的固体酵母菌的直接接触是绝对必要的。黑尔姆霍尔茨实验为这一特别的论点提供了确凿的证据，并在其他方向上也延伸出丰硕的成果。

那么，既然酵母菌对于发酵过程的发生是必不可少的，那么酵母菌又从何而来？这里，我们又提出了一个大问题。就像我在开始时所说的那样，在温暖的天气里，诸位通常仅仅需要将一些含有糖水、任何形式的糖浆或蔬菜汁的液体暴露在空气中，就可以在相对较短的时间内见到上述所有发酵现象。对此，首先进入我们脑海的想法，当然是酵母菌已经在这些液体中产生。的确，如果我们最初抱有任何其他的想法，它们似乎都会是非常荒谬的。然而这种酵母菌已经在液体中产生的想法无疑是错误的。

图 4.8 尼古拉 · 阿佩尔

阿佩尔是一位糖果糕点师傅，也是气密式食物保存法发明人。1800 年，拿破仑以 12000 法郎悬赏军队行军时可用的食物保存方法。经过了 10 年的实验，阿佩尔于 1810 年提出了他的方法并赢得了赏金。他用厚壁广口玻璃瓶容纳各类食物（包含牛肉、禽肉、蛋、乳类与已烹调的食物），在瓶顶留一个气室，以虎钳将软木塞牢固地塞入瓶口，再用帆布包裹保护整个瓶子，浸入沸水中烹煮。这比巴斯德证明加热能杀死细菌早了近 50 年。

在轰轰烈烈的法国战争时期，有一位叫阿佩尔（图 4.8）的先生。他一直都在研究如何保存肉和蔬菜这些容易腐烂的东西。事实上，现代肉类保存方法的基础正是由他奠定的。他发现，只要煮沸任何一种肉或蔬菜，然后把它们密封起来排除空气，它们就可以被保存到任何时候。他尝试用一些食物做了一些实验，尤其是用制红酒的葡萄浆和制啤酒的麦芽汁。他发现，如果麦芽汁被仔细地煮沸过，并以上述方式阻止它与空气接触，它就永远不会发酵。这是什么原因呢？这又成了一系列实验的研究问题，而这些实验的最终结论是：如果诸位采取了预防措施，防止任何固体物质进入葡萄浆和麦芽汁中；也就是说，如果诸位在把已煮沸的液体倒入瓶中后，用棉花塞住瓶颈，使得空气可以进入瓶中，但再细小的固体也不能进入，在这种情况下，即便诸位把这些液体放置十年之久，它也不会发酵。但是，如果诸位把塞住瓶颈的棉花拿掉，让空气能自由进出，那么这些液体迟早会开始发酵。毫无疑问，发酵过程只会在某种酵母菌存在的情况下才会开始，根据我们现时的经验，这些酵母菌是从已经存在的众多酵母菌中产生的。诸位可以很轻易地想象出这些小生命的重量——它们实在是太轻了，它们仅比水略重，直径最大不超过 1/2000 英寸，最小也不超过 1/7000 英寸；它们能够像阳光下的尘埃一样四处漂浮起舞，也可以被各种各样的气流裹挟带走。它们中的绝大部分都将死亡，只有一两个可能有机会进入含糖液体，并立刻进入活跃的生命状态——它们能在这里找到合适的条件，来养育、增长和繁殖，并可以产生出任何数量的这种酵母物质。

而且，不论这种被称为“自然发生”[①] 的理论在其他类型的生物体中是真是假，我们都可以十分确定，对于酵母而言，它总是起源于来自其他活体酵母生物的传播或接种的过程——如果诸位喜欢这么称呼的话。因此，就酵母而言，自然发生学说是完全站不住脚的。此外，酵母只有在存活时才能发挥这些特殊的性质。如果我们用压碎或加热的方式毁灭它们的生命，那么这种奇特的发酵能力就不会显现了。因此，我们得出以下结论：糖的发酵，即糖被分解成酒精、碳酸气、甘油和琥珀酸的过程，只不过是这种叫作圆酵母的小真菌的生命活动的结果。

---

① 一种关于物种起源的思想，认为生物体是在无机物中产生的，在本文中具体指酵母菌可以无父无母地从营养物质中产生的概念。

但接下来又出现了一个极其困难的问题——这种叫圆酵母的植物，是如何进行分解糖类这种奇特的活动的呢？我之前提到的法布隆尼认为，发酵过程中的冒泡现象和赛德利茨粉[①]所产生的冒泡现象是一样的。法布隆尼认为，酵母是一种酸，而糖则是碳酸气和一种组成酒精的碱的混合物。酵母可以和这种糖结合，释放出碳酸气，就像诸位把碳酸钠投进酸中得到碳酸气一样。然而，拉瓦锡发现，碳酸气和酒精加在一起的重量和糖的重量几乎相等，这完全推翻了这一假设。对此，法国化学家泰纳[②]提出了另一观点，这一观点也被另一位杰出的化学家巴斯德先生（图4.9）所持有。他们认为，酵母可以说会吃掉一小部分的糖，并把这些糖据为己用。这样一来我们就可以解释说，剩下的糖被分解为碳酸气和酒精了。

图 4.9 巴斯德

法国微生物学家、化学家，微生物学的奠基人之一。他以借生源说否定自然发生说、倡导疾病细菌学说以及发明预防接种方法而闻名。同时，他也是第一个发明狂犬病和炭疽病疫苗的科学家，被世人称颂为“进入科学王国的最完美无缺的人”。

---

① 赛德利茨粉也称沸腾散，是一种 19 世纪末 20 世纪初的通便用泻药和消化调节剂，通常包含酒石酸，酒石酸钾钠和碳酸氢钠 3 种物质。使用时，需将两包粉末分别溶解、搅拌后再混合，此时液体会出现冒泡现象，释放出二氧化碳。

② 路易・雅克・泰纳，法国化学家。

图 4.10 李比希

德国化学家。在生物学方面，他组织研究了上百种动植物的器官和产物，这种拥有史无前例的精确性和可重复性的分析，被认为奠定了有机化学的基础。他晚年主要研究发酵的生理学，认为发酵是一种无菌的化学过程，这与巴斯德的理论针锋相对。不过，后人研究证明，既存在微生物导致的发酵，也存在无须微生物的发酵。

在酵母菌如何分解糖这一问题上，而另一位杰出化学家李比希（图 4.10）否认了前两种观点，并提出了第三种假设。他宣称，从某种程度上说，糖的颗粒在酵母菌的作用和力量下被震碎了。现在，我不打算带诸位去细究这些化学理论是如何完善的，哪怕是一小会儿都不行，但我可以给诸位打个比方：假如我们把糖比作一个用纸牌搭成的房子，酵母则是来到附近的小孩，那么法布隆尼的假设是小孩拿走了一半的纸牌；泰纳和巴斯德的假设是，小孩抽走了房子底部的牌，使房子摔成碎片；李比希的假设是，小路过这里，摇了几下桌子，把房子弄塌了。在这里，我想要请教我的朋友罗斯科教授，我是否对这个问题做出了公正的陈述。

鉴于我已经尽我所能地讨论了这个问题的一般情形，

那么我就只剩下一点要说的了，那就是在对酵母的研究中，出现了一些非常惊人的附带结论。我已经讲过，人们很早就发现酵母菌是由一个囊体及其内部的半流体物质组成的。其中，组成囊体的材料与组成木头的材料相同，而囊体内部的半流体含有的一种物质，从广义上来说，与组成动物肉质的物质有着相同的成分。随后，在仔细观察了酵母菌的结构之后，研究者们逐渐发现，所有的植物，无论高级还是低级，都是由一个个单独的囊体，或被称为“细胞”的东西组成的。这些囊体或“细胞”具有纯粹木材物质的成分；广义地说，它们与酵母菌的液囊有着相同的组成，并在其中有着或多或少的液体物质。这种液体拥有与酵母菌蛋白质物质相同的性质。这一发现从而得出了惊人的结论：无论某种植物和动物之间有多大的差异，组成它的各种细胞或液囊的内容物的基本成分——含氮的蛋白质，在动物体内也是一样的。除此之外，研究者们还发现，植物细胞中的这些半流体内容物，在许多情况下具有与动物的对应物质相当的惊人伸缩力。在我的记忆中，大约二十四五年前，也就是在 1846 年，冯·莫尔（图 4.11）这位德国著名植物学家就给这种在植物细胞和酵母菌细胞内部发现的物质，这种含有类似于我们人体组成成分的动物物质的物质取名为“原生质”。

图 4.11 冯 · 莫尔

德国植物学家，他是第一个使用“原生质”一词的人。

不过，在此之后，这个词语给别人带来了许多麻烦！我要特别说明，我发现有许多人认为是我发明了这个词语[①]。它其实已经存在了至少 25 年。而别的研究者接手这一问题后，得出了一个惊人的结论（基于酵母研究）：动物和植物之间的区别，并不在于组成它们的基本物质——原生质，而是在于它们身体的组成细胞的形成方式有所调整。一些法国植物学家和化学家多年前就提出了一个在某种意义上是正确的比喻：每一个植物本质上都是这种类似于酵母细胞的小体的庞大集合体，其中，每一个小体在某种程度上都拥有独立的生命。还有一件在某种意义上是正确的事实——尽管对我来说，我没什么资格在这样的场合下对诸位讲述——每一个动物的身体确实都是由大量微小原生质颗粒组成的集合体，其中每一个原生质颗粒都与酵母菌

① 见本书第三章《生命的物质基础》。

的独立个体相似。过去 30 年来，在我们对这些问题的整体概念中，一场伟大的革命在持续进行。那些熟知这场革命的历史的人，将会支持我说：在很大程度上，这场革命的第一个萌芽，是通过研究酵母菌才茁壮生长并结出硕果的——酵母菌向我们展示了生命物质的最简单形式。

酵母问题对我们还有最后一方面的影响，也是最重要的影响。在这里，对发酵过程性质的细致研究带来的影响，可能会给人类带来比任何其他研究更具实际价值的结果。

我想请诸位回想一下我在演讲开始时讲到的一个例子：假设我有一些纯糖的溶液，里面有一点无机盐；同时，假设我有可能用针尖取一个单独的酵母细胞，并把它放入这些溶液中——这个酵母细胞的直径不超过 1/3000 英寸。它不比此刻我自己血液中那些有颜色的小颗粒大，它的重量也很难用一粒谷物重量的几分之几来表示。如果我们把这些溶液放置在一个温暖的夏日里，在温度合适的条件下，只要一周的时间，这个单独的酵母细胞就会产生足够的酵母菌，在溶液表面生成浮沫，在底部生成沉渣，并将糖浆这种完全无味无害的液体，转化成被有毒气体碳酸气和有毒物质酒精浸渍过的溶液。这是由于这些极其微小的植物的生命活动让糖发生了变化。现在诸位可以看到，上面这个案例就像是一个疾病的传染过程。其实，从第一次仔细研究发酵现象开始，就不断有医生在经过深思熟虑后认为，通过传染和感染传播的发酵现象，和通过同样两种渠道传播的疾病现象之间，有着惊人的相似之处。在这种联想的基础上，研究者们提出了一种关于许多疾病的令人瞩目的理论，它已经被命名为“疾病的细菌理论”。根据该理论我们认为，事实上有很多疾病都是由本身具有某种生命的小颗粒所引起的，它们能够从一个生物体传播到另一个生物体身上，就像酵母菌能够从一个含糖的杯子传播到另一个含糖的杯子中一样。

这是一个完全站得住脚的假设。在目前的医疗条件下，我们应该详尽地讨论这一假设，竭力去证明它是不正确的，直到我们采纳截然不同的对我们有利的其他假设。有一些疾病可以确切地证明，这一假设是完全正确的。例如，我们已经证明，几种叫作“恶疽”的疾病就是由某种发酵作用造成的，或者说是由动物身体中的液体以某种方式被扰乱和破坏（如果我可以使用这两个词语的话）造成的。这种扰乱和破坏正是由一些微小生物引起的。直到最近，针对一些疫苗接种过程的伴随现象的研究，才让我们对这个方向有了更新更深远的认识：疫苗这种“治愈性疾病”的传染与其他破坏性疾病的传染之间有着惊人的相似性。这体现在与我提到的黑尔姆霍尔茨实验共性相同的实验中。在法国和我国进行的研究已经明确表明，疫苗中唯一具有传染性、能够对被接种儿童的机体产生影响的，是其中的固体颗粒部分，而非液体。如今，通过最巧妙的实验，疫苗的固体部分已经可以从液体中分离出来。人们也发现，在给儿童接种疫苗时，不论注射多少剂量的液体部分，它都没有什么效果；但只要注射固体部分中极小的一粒，甚至是我们能够分离出的最微小的一粒，就足以造成牛痘的所有症状。我们只能把这一过程比作从一个容器传播到另一容器的发酵现象，即酵母菌颗粒从一个容器传播到另一容器的现象。而且事实证明，在一些破坏力最强的动物疾病中（比如羊痘病，以及鼻疽病这种对马来说最可怕、最具破坏性的疾病），活跃的生命力来自有活性的固体颗粒，而液体是没有活性的部分。

不过，请诸位不要觉得我的这个比喻是在牵强附会。我并不是说这些疾病物质中的活性固体部分与活性酵母菌性质相同。但是就目前而言，它们之间的相似之处十分惊人。这一相似之处的价值在于，只要按迹循踪，有朝一日我们就可以像理解发酵的传播过程一样，理解这些疾病是如何传播的。这样一来，面对这些折磨人类的巨大苦难根源，我们可能无法预防，但至少可以很大程度上减轻它们。

以上就是我希望在诸位面前陈述的结论。想必诸位已经发现，我们并没有用到任何的辅助工具。如果有这么多人来听这种科学演讲，我只能说，我无法为诸位做一个足够大的图表，而且也不可能用任何实验来说明我的主题。当然，我的朋友们，那些化学家和物理学家要比我厉害得多，他们不仅能够让诸位看到这些实验，还能够让诸位去闻，甚至去听！但我得不到这些辅助手段，因此我选择了一个简单的主题，并以一种希望诸位都能理解的方式来处理，至少在我的介绍语言中是这样的。而且，诸位一旦理解了酵母这一主题中的一些观点和简单事实，就可以亲眼去看看这个脱胎于一个乍看之下朴实无华的主题的重大且精彩的问题。

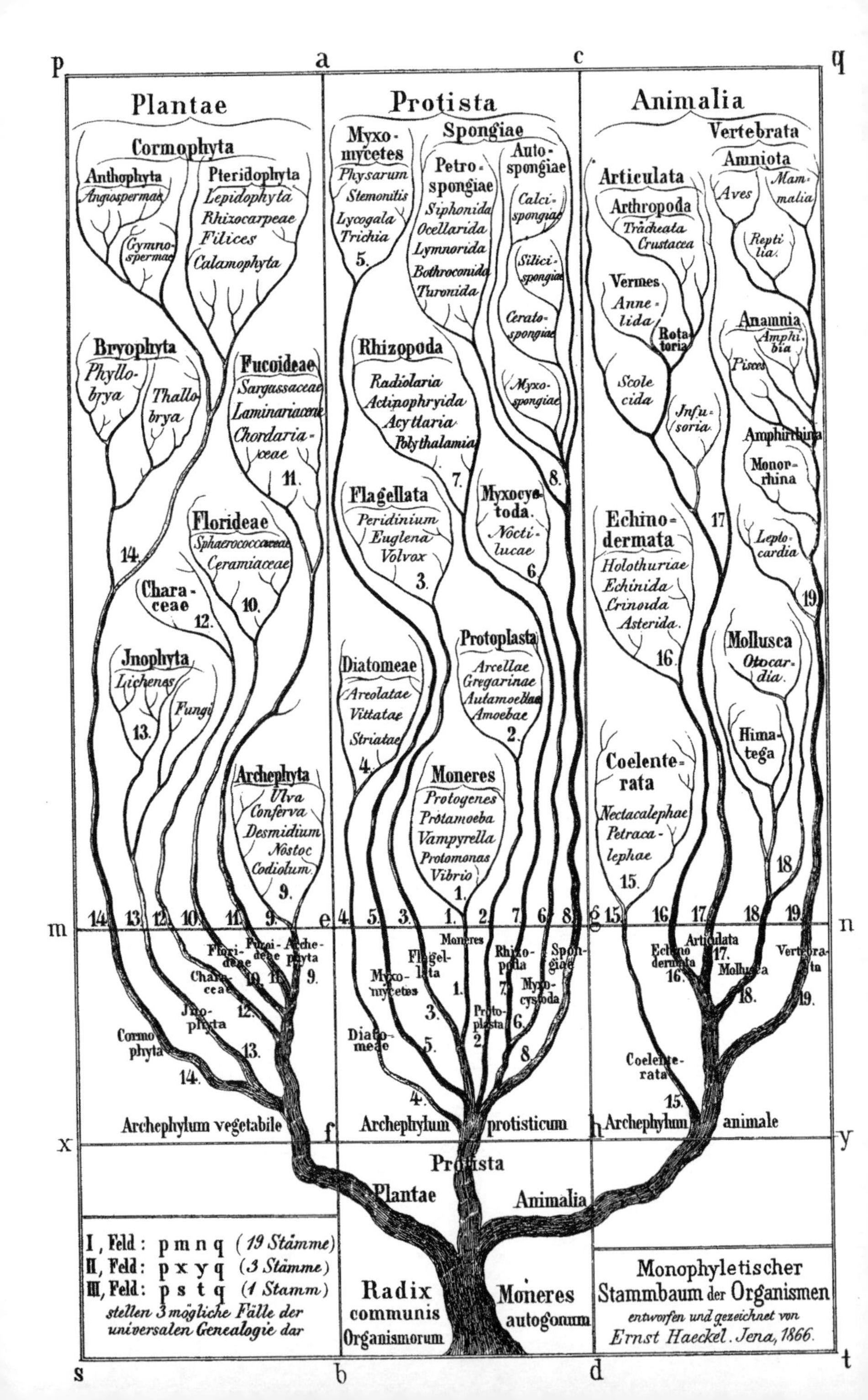

Plantae
Protista
Animalia
Cormophyta
Anthophyta
Angiospermae
Gymnospermae
Pteridophyta
Lepidophyta
Rhizocarpeae
Filices
Calamophyta
Bryophyta
Phyllobrya
Thallobrya
Fucoideae
Sargassaceae
Laminariaceae
Chordariaceae
Florideae
Sphaerococcaceae
Ceramiaceae
Characeae
Jnophyta
Lichenes
Fungi
Archephyta
Ulva
Conferva
Desmidium
Nostoc
Codiolum
Myxomycetes
Physarum
Stemonitis
Lycogala
Trichia
Spongiae
Petrospongiae
Siphonida
Ocellarida
Lymnorida
Bothroconida
Turonida
Autospongiae
Calcispongiae
Silicispongiae
Ceratospongiae
Myxospongiae
Rhizopoda
Radiolaria
Actinophryida
Acyttaria
Polythalamia
Flagellata
Peridinium
Euglena
Volvox
Myxocystoda
Noctilucae
Diatomeae
Areolatae
Vittatae
Striatae
Protoplasta
Arcellae
Gregarinae
Autamoebae
Amoebae
Moneres
Protogenes
Protamoeba
Vampyrella
Protomonas
Vibrio
Vertebrata
Amniota
Aves
Mammalia
Reptilia
Articulata
Arthropoda
Tracheata
Crustacea
Vermes
Annelida
Rotatoria
Scolecida
Infusoria
Anamnia
Amphibia
Pisces
Amphirhina
Monorrhina
Leptocardia
Echinodermata
Holothuriae
Echinida
Crinoida
Asterida
Mollusca
Otocardia
Himatega
Coelenterata
Nectacalephae
Petracalephae
Archephylum vegetabile
Archephylum protisticum
Archephylum animale
Radix communis Organismorum
Moneres autogonum
I, Feld: p m n q (19 Stämme)
II, Feld: p x y q (3 Stämme)
III, Feld: p s t q (1 Stamm)
stellen 3 mögliche Fälle der universalen Genealogie dar
Monophyletischer Stammbaum der Organismen
entworfen und gezeichnet von Ernst Haeckel. Jena, 1866.

第五章

动物王国与植物王国之间的边界地带

本章内容原刊载于《麦克米伦杂志》1876年第33期，并收入《赫胥黎文集》第八卷《生物学和地质学演讲集》和《托马斯·亨利·赫胥黎科学论文集》第四卷。

左图是德国博物学家恩斯特·海克尔于1866年所绘的“生命之树”，展示了生物中的三个界——植物界、原生生物界和动物界。海克尔提出了“系统发育”这个术语，用来表示物种随时间的进化关系，以及不同物种或同物种不同族群的个体之间的亲缘关系。在这一方面，海克尔的研究比达尔文更进一步。

整个科学史上最引人注目的成就，莫过于半个世纪以来生物学知识的迅速增长，以及由此给博物学家的一些基本概念带来的修正范围之广。

在 1828 年出版的《动物界》第二版中，居维叶（图 5.1）把《将生物划分为动物和植物的方法》专门设成一节。在这一节中，他运用了自己写作中特有的全面的知识和清晰的批判来处理这个问题。他向我们证明，我们有理由将这篇文章看作他那个时代即使不是最深刻的，也是最广泛的知识的典型表达。他告诉我们，从我们最初探索这个问题的时候起，生物就被细分为活动生物和不可活动生物，前者拥有感觉和运动的能力，而后者则没有这些功能，仅仅保持着植物式的静止不动的状态。

尽管植物的根系会把自己引向潮湿的地方，它们的叶子会把自己引向空气和阳光；尽管一些植物的某些部位会展现出原因无从知晓的摇摆运动，一些植物的叶子会在被触碰时缩回；但是这现象都无法证明，把这些运动归因于植物拥有知觉或意志就是正确的。居维叶从动物的活动性出发，以其对目的论[①]推理的独特偏好，演绎出动物体内有一个消化腔或食物贮藏库的必要性，在那里，血管就像是体内的根系一样吸取营养；接下来他自然地发现，动物与植物之间最基本也是最重要的区别，在于是否存在消化腔。

图 5.1 乔治・居维叶

法国博物学家、比较解剖学家与动物学家。他是 19 世纪早期的巴黎科学界名人，也是比较解剖学和古生物学领域的开山鼻祖。他扩展了林奈的分类法，在纲之上设立了门，并将化石和动物纳入分类系统。他也是最早确认了生物灭绝的生物学家，并认为新的物种可以在周期性的洪水灾难后产生，是 19 世纪初灾变论学说最具影响力的支持者。他也以强烈反对拉马克等人的进化论而闻名。

根据他的目的论观点，居维叶认为，这种消化腔及其附属器官的结构，必须首先根据食物的性质和对它们实施的操作的差异而进行调整，然后才能将它们转化成适合吸收的物质；然而，大气和土壤能够为植物提供现成的、可以被直接吸收的营养物质。此外，由于动物需要令自己的

---

① 目的论认为，进化和适应在一定程度上是目标导向的，由有目的的生命力驱动（可参考本书第三章中“生命力”的概念）。在达尔文以前，目的论认为是上帝设计和创造了生物，生物的特征（例如眼睛）被创造是为了令它们执行某种功能（例如看）。该观点在达尔文以后备受批评。

身体独立于温度和大气的影响，因此它们的体液流动无法通过内因产生。这就产生了动物的第二个显著特征——循环系统。不过，它并不是必需的——它没有消化系统那么重要，所以它并不存在于一些比较简单的动物中。

此外，动物还需要靠肌肉来进行运动，要靠神经来感受刺激。因此，居维叶说，动物体内的化学组成必须要比植物复杂，这是因为有一种额外的必需元素——氮，进入了动物体内。但在植物中，氮只是作为一种附带物，与有机体的其他三种基本成分——碳、氢、氧结合在一起。事实上，居维叶在后来又证实了氮是动物所特有的，并提出这是动物与植物的第三个区别。土壤和大气为植物提供由氢和氧组成的水，由氮气和氧气组成的空气，还有由碳和氧组成的碳酸气。它们保留了氢和碳，呼出多余的氧气，很少吸收或不吸收氮。因此，植物生命的基本特征就是在光的作用下呼出氧气；相反，动物则是从植物中直接或间接地获取营养，它们排出多余的氢和碳，并在体内积累氮。因此，在与大气之间的关系上，植物和动物是截然相反的。植物从大气中吸收水和碳酸气，动物则是向大气排出水和碳酸气。呼吸，即吸收氧气、呼出碳酸气，是动物特有的功能，也是它们的第四个特征。

以上是居维叶 1828 年的记述。不过，在 19 世纪 40~50 年代，生命科学界经历了一场最重大、最迅速的革命。它受到了三种力量的推动：生命结构研究中现代显微镜的应用，有机化学中简明精确的化学分析方法的引入，以及生命经济中的物理力量的测量中精密仪器的使用。

某些植物，比如轮藻属[①]藻类的细胞，含有一种半流体的物质（现在我们称为原生质），它一直处于不停地有规律的运动中。这是博纳文图拉·科尔蒂[②]于一个世纪前的发现。但是这个重大发现事实上被人们所遗忘，直到它在1807年由特雷维拉努斯[③]重新发现。1831年，罗伯特·布朗[④]注意到紫露草细胞中，有着更为复杂的原生质运动。到了今天，这些植物生命物质的运动，已经被公认为是植物生命中最普遍的现象之一。

阿加德[⑤]等与居维叶同一年代的植物学家，主要研究的是低等植物。他们观察到，在特定的环境下，某些水生植物细胞的内容物会被释放出来，并以相当快的速度四处移动，看上去就像与能够运动的生物体一样拥有着运动的自发性。由于这些细胞与有着简单结构的动物相似，所以它们被称为“游动孢子”。然而，到了不久前的1845年，一

① 此处的轮藻属是属于轮藻门下轮藻目的一种绿藻。赫胥黎在后文中提到的鞘毛藻也是属于轮藻门，但属于鞘毛藻目。

② 博纳文图拉·科尔蒂，意大利牧师、植物学家。他于1772年左右发现了轮藻等水生植物的细胞中的“汁液流”，但这一发现在一段时间内被遗忘，乃至相关文献往往将后来的特雷维拉努斯和阿米奇视为原生质运动的发现者。直到1839年，冯·莫尔才把科尔蒂的发现确认为对细胞原生质的首次描述。

③ 特雷维拉努斯，德国医生和博物学家。他于1807年重新发现了轮藻细胞中的原生质流动，他也是达尔文之前进化论的强力支持者。

④ 罗伯特·布朗，英国植物学家。他发现了花粉中的微粒和孢子在水中悬浮状态中的不规则运动——“布朗运动”。他亦于1828年命名了细胞核，虽然他并不是细胞核的发现者，但是他证实了细胞核的普遍存在。

⑤ 阿加德，瑞典植物学家，隆德大学植物学和自然科学教授，专门研究藻类。

位著名的植物学家施莱登（图 5.2）对这些说法产生了怀疑，而且，他的怀疑其实更为合理，因为埃伦伯格[①]曾在他关于纤毛虫的详尽而全面的研究中宣称，今天被认为是能够运动的植物，但其实都是动物的生物，其实还有更多。

图 5.2 马蒂亚斯·雅各布·施莱登

德国植物学家，他与施旺（图 5.5）、菲尔绍并列为细胞学说的创始人之一。他在担任耶拿大学教授时，记录了植物不同部位都是由细胞所构成的现象。后来，他也辨识出 1831 年时由植物学家罗伯特·布朗所发现的细胞核，并察觉到它与细胞分裂的联系。

如今，众所周知，无数的植物和单独的植物细胞，会以一种活跃运动的状态度过它的全部或部分生命。这与一些较简单的动物是没有任何区别的。而且在这种状态下，从表面上看，它们的运动就像是自发的意志的产物——就像这些简单动物的运动一样。

---

① 埃伦伯格，德国博物学家、解剖学家、微生物学家。他专注于研究水、土壤、灰尘、岩石中的微生物，描述了成千上万的新物种，其中包括著名的眼虫，双小核草履虫和大草履虫。此外，他也于 1828 年首次提出“细菌”一词。

因此，居维叶关于动物特征的第一个目的论观点，即动物体内存在一个用来携带营养物质的消化腔或者内囊，已经被打破了——至少他的这一表述已经被打破了。而且，随着显微解剖学的发展，这一事实本身在动物中的普遍性已经难以预测。有许多寄生在其他动物体内、结构甚至有些复杂的动物就完全没有消化腔。它们的食物是现成的，不仅经过了烹饪，还经过了消化。于是，消化腔就成了多余的东西，并且不复存在。同样，正如一位德国博物学家所说，大多数轮虫的雄性个体并没有消化器官，它们全身心地投入到“爱情的苦役”[①]中，可以说是少数实现了拜伦式的理想情人形象（图 5.3）的动物之一。最后，在最低等动物的生物体中，组成整个身体的胶状原生质颗粒并没有永久性的消化腔和口，但能够从任何地方摄取食物；我们也可以说，它整个身体都能执行消化功能。

不过，尽管居维叶对动物和植物的主要判断方式经不起严格的检验，但它依旧是动物最恒定的特征之一。而且如果我们用“把固体营养物摄入身体并且在其中消化”的能力来替代“拥有消化腔”，那么这样调整后的定义就可以囊括除去某些寄生虫及少数完全不进食的非寄生动物以外的所有动物，也能够排除所有普通的植物。

居维叶本人几乎放弃了自己提出的动物的第二个特征，因为他承认：较简单的动物会缺乏这种特征。

动物与植物之间的第三个区别是以一个关于动植物有

① 指中世纪骑士对贵妇人献殷勤的求爱行为。

机体化学成分的异同的完全错误的观念为基础的。不过，居维叶并不需要对此负什么责任，因为这也是同时代化学家的通行看法。现在人们已经确定，氮在植物生命物质中与在动物生命物质中一样，都是必不可少的成分，而且在化学上，前者和后者一样复杂。淀粉、纤维素和糖类曾经被认为只存在于植物之中，而且现在我们已经知道，它们也是动物的普遍产物，即使是最高等的动物，也会大量制造淀粉和糖类；纤维素广泛存在于低等动物的骨骼之中，淀粉类物质也很可能普遍存在于动物体内，尽管可能不是以淀粉的形式存在。

图 5.3 乔治·戈登·拜伦

英国诗人、革命家，浪漫主义文学泰斗。他塑造了一系列“拜伦式英雄”的浪漫形象（这种形象很大程度上也源于他本人），他们往往骄傲且愤世嫉俗，但又有着强烈深沉的苦痛；他们往往反叛强权、道德等秩序，但这种个人斗争往往以失败告终。

此外，尽管在阳光下，绿色植物和动物之间确实存在着一种相反的关系，即绿色植物会分解碳酸气并呼出氧气，动物会吸收氧气并呼出碳酸气，然而，现代化学家们对植物生理的精确研究已经清楚地证明，把这一点作为动植物之间的普遍区别的尝试是一种谬误。事实上，这种差异会随着阳光的消失而消失。在黑暗中，绿色植物也要像动物一样，吸收氧气并呼出碳酸气[①]。另外，有些植物（比如真菌）不含有叶绿素，所以并不是绿色的，因此在呼吸作用上，它们总是和动物保持一致，吸收氧气并释放出碳酸气。

因此，随着知识的进步，居维叶第四种区分动植物的方式，就像第三种和第二种一样，已经完全无效了。即使是第一种区分方式，也只能以调整后的形式被保留下来，而且还受到例外情况的影响。

不过，生物学的进步是否仅仅是打破旧的区分方法，而不建立新的呢？

就目前而言，我们有资格说，答案无疑是肯定的。在1837年及往后的几年里，施旺（图5.4）和施莱登的著名研究，创立了解剖学的一个分支——现代组织学。这一分支研究的是我们借助显微镜能看见的生物体的最终结构。从那时候起，研究方法的迅速改进以及许多精确观察者的辛勤付出，使施旺的下面这个伟大结论有了越来越高的广

---

① 我们完全有理由相信，活着的植物就像活着的动物一样总是在呼吸，并且在呼吸中吸收氧气并释放出碳酸气。但是，对暴露在阳光或灯光下的绿色植物而言，它以一种特殊器官分解碳酸气所产生的氧气量，会大于其同时进行的呼吸作用中所吸收的氧气量。——原注

度和可信度：动物和植物的构造是基本统一的，无论构成它们身体的组织有多少种形态，它们都是由基本形态单位（它被称为“细胞”，不过这里的含义比“细胞”一词的最初含义更为宽泛）变形产生的。这种基本形态单位，不仅在动物本身和植物本身之中非常相似，而且当把动植物的形态单位放在一起比较时，也会表现出非常相似的性质。

至于运动的基本条件——伸缩性，我们不仅发现它在植物中的存在比之前想象的要广泛得多，而且正如伯登·桑德森博士①的有趣研究所证明的那样，在植物中，收缩行为还伴随着收缩物的电性状态的扰动，这可以与杜布瓦-雷蒙的发现相媲美——动物普通肌肉活动也伴随着电性状态的扰动。

图 5.4 泰奥多尔·施旺

德国动物学家。他发展了细胞学说，发现动物细胞内也有细胞核的存在，核外为透明的流动物质，与核之间有一层薄膜隔开，但没有像植物细胞那样显著的细胞壁构造。

---

① 伯登-桑德森，英国生理学家。在 1874 年起于伦敦大学学院任生理学教授期间，他对捕蝇草的叶子在受刺激后的机械效应和电干扰进行了研究，并以同样的方法对青蛙的心肌组织进行了研究。这些研究已经成为后人对不同组织进行电生理学研究的典范。

另外，据我所知，没有任何一种测试能够区分茅膏菜（图 5.5）等植物的叶子对刺激的反应（达尔文先生对它进行了细致全面的研究）和动物在受到刺激后产生的收缩动作（这被称为“反射”）。在维纳斯捕蝇草（图 5.6）的裂叶上，有 3 根纤细的刺毛，从叶片表面呈直角伸出。如果我们用一根纤细的人类头发末端触碰其中一根刺毛，叶片会立刻由于该部分物质的收缩而紧紧收拢[①]，就像蜗牛的身体会在它的“角”受到刺激时缩回壳里一样。蜗牛的反射是其体内神经系统存在的结果。

在这个过程中，触角神经中的分子发生变化，并传播到能让身体能缩回的肌肉上，使得它们收缩，进而产生了缩回壳中的动作。当然，这些动作的相似性，并不一定意味着它们的作用机制是相同的，但也暗示了一丝需要我们进行细致研究的一致性。

近期对动物神经系统结构的研究，都汇集为一个结论：我们迄今为止都以为神经纤维是神经组织的最终组成元素，但其实并非如此；它们只是一种由更为纤细的纤维的可见集合体，其直径可以小到我们目前的显微镜可以看到的极限，但这一极限已经因为现代显微镜的改进而得到了极大的提升。在本质上，神经不过是在生物体内两点之间经过特殊变形的原生质组成的线条状的束，这样，其中的一点就可以由这样建立起来的传播路径影响到另一点。因此，我们可以想象，即使是最简单的生物也可能拥有神经系统。

---

① 达尔文，《食虫植物》，第 289 页。——原注

图 5.5 圆叶茅膏菜叶片的俯视图（左）和侧视图（右）

茅膏菜又名毛毡苔，多年生草本植物，是在食虫植物中种类最多、分布最广的一群。茅膏菜的叶片为圆形，叶片边缘密布可分泌黏液的、极为敏感的腺毛。当昆虫落于叶面时，腺毛会粘住昆虫并向内和向下运动，将其紧压于叶面；当昆虫逐渐消化后，腺毛即恢复原状。出自达尔文《食虫植物》（1876），第 3 页。

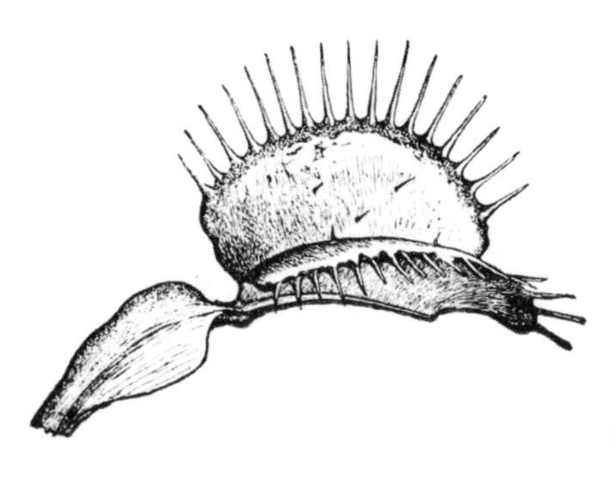

图 5.6 捕蝇草非闭合状态叶片的侧视图

捕蝇草是多年生草本植物，原产于北美洲。因其叶片边缘有规则的刺毛，如维纳斯的睫毛一般，所以在英语中也被称为“维纳斯的捕蝇陷阱”。出自达尔文《食虫植物》（1876），第 260 页。

植物是否拥有神经系统的问题，也由此获得了一个新的层面，并向组织学家和生理学家提出了一个极其困难的问题，而要攻克这一问题，必须从一种新的角度出发，并借助尚未被发明出的方法。

因此，我们必须承认：植物可能也有收缩和运动的能力；它们的运动可能拥有与最低等动物相同的自发性；它们所表现出的动作，可以与动物神经系统产生的动作相媲美。进一步的研究也一定会揭示出植物体内类似于神经系统的存在。因此，我不知道还能在哪里找到动物和植物之间的绝对区别，除非我们回到它们的营养模式上来，并且询问：在它们之间，在某种比居维叶的想象更加神秘的特征上，我们是否还能找到一种已经无疑地适用于绝大多数动植物的区别，一种具有更为普遍的适用性的区别？

一粒豆子的萌发，只需要溶解了比例适当的铵盐等无机盐的溶液，再加上含有微量碳酸气的普通大气、阳光和热量。尽管这些都是非自然条件，但只要处理得当，这粒豆子就能伸出它的胚根和胚芽，并分别茁壮生长成一株豆子的根部和茎叶。它也会在适当的时候开花结豆，和生长在花园和田野里没什么区别。

一株成熟的植物及其种子所包含的含氮的蛋白质化合物、油、淀粉、糖类和木本物质的重量，会大大超过萌发出它的豆子所包含的同类物质的重量。但是，除了水、碳酸气、铵盐、钾、石灰、铁与磷酸、硫酸等酸的化合物之外，豆子并没有得到其他物质的供应。无论是蛋白质、脂肪、淀粉和糖，还是在任何程度上与它们相似的物质，都不是豆子“食物”的成分。但是，豆子植株和它结出的种子中所含的碳、氢、氧、氮、磷、硫等元素的重量，完全等于它生长的养料中消失的这些元素的重量。从这里我们可以得出，豆子只吸收了其结构成分的原料，并把它们制造成完全属于豆子的物质。

豆子完成这一伟大的化学壮举，靠的是其体内的绿色色素——叶绿素。因为只有植物的绿色部分才拥有在阳光的作用下分解碳酸气、释放氧气并保留所含碳的神奇力量。事实上，豆子生命物质中两种必需的元素，来源于两种不同的途径，一是它的根浸泡着的、含氮但不含碳的水溶液，二是它的叶子接触到的、包含碳的空气，尽管其中的氮处于一种豆子无法利用的自由气体状态[①]。叶绿素[②]就是从大气的碳酸气中提取碳的“装置”，叶子就是实现这一运作过程的主要“实验室”。

众所周知，大多数显眼的植物都是绿色的，这是因为它们含有丰富的叶绿素。少数不含叶绿素的无色植物，没有办法从大气中的碳酸气提取所需的碳，只好在其他植物身上过着寄生生活。但是，这绝不意味着植物的制造能力就会像人们经常提到的那样，取决于叶绿素以及它和阳光的互动作用；相反，正如巴斯德首次论证的那样，我们很容易证明，一些缺乏叶绿素及其替代物的最低等的真菌，

---

① 我预设在本案例中，供应给豆子的空气不含有铵盐。——原注

② 普林西姆最近的研究提出了很多问题，比如植物绿色部分所影响的化学变化中，叶绿素的影响具体占了多少份额。一种可能是，叶绿素只是实际的“除氧器官”的一个恒定伴随物。——原注

实际上却在很大程度上拥有植物特有的制造能力——我们只需要给它们提供不同种类的原料。由于它们不能从碳酸气中提取碳，我们必须给它们提供其他含有碳的物质。酒石酸就是这样一种物质。如果我们把一种最常见、最麻烦的霉菌——青霉菌的单个孢子接种到一小碟含有酒石酸铵和少量磷酸铵、硫酸铵的水溶液中，并保持温暖的环境，无论在黑暗中还是在阳光下，它都会在短时间内产生一层厚厚的霉菌，其中含有相当于原始孢子重量数百万倍的蛋白质和纤维素。这样一来，我们就有了一个非常广泛的事实基础来得出一个一般性结论：植物的本质特征是它们的制造能力，即将无机物加工成复杂有机物的能力。

居维叶也说过，与植物相反，动物会直接或间接地依赖植物以获取自己的身体物质，这同样也是一个有着广泛事实基础的结论。也就是说，它们要么是草食性动物，要么是以草食性动物为食。

不过，动物身体的哪些成分是依赖植物的呢？当然不是它们的角质，也不是最接近软骨的化学物质——软骨胶，不是动物胶，也不是肌肉的组成成分——肌蛋白，不是它们的神经物质、胆汁和淀粉，也必然不是脂肪。

我们的实验能够证明，动物可以自己制造这些物质。不过，在我们所有的已知情况下，有一种物质是它们无法制造，必须从植物中或直接或间接地获得的，这种物质就是特殊的含氮物质——蛋白质。因此，植物是生命世界中完美的劳动阶级，是生产的工人，而动物则是完美的贵族，主要从事消费活动，就像策达姆家族的贵族代表一样，他的墓志铭已经写在了《旧衣新裁》（图 5.7）里。

这是我们在植物和动物之间找到明确界限的最后希望。因为在这两个王国[①]之间，就像我已经指出的那样，有一个边界领土，或者说一个所谓的无人区，我们无法对那里的居民进行确定区分，也无法以任何方式让它们正确地宣誓效忠于其中某个王国。

图 5.7 托马斯 · 卡莱尔和他写作《旧衣新裁》时位于妻子的庄园中的房间

托马斯 · 卡莱尔是英国历史学家、作家、哲学家和数学家，著有《论英雄、英雄崇拜和历史上的英雄业绩》《法国大革命》等。《旧衣新裁》是卡莱尔于 1836 年写作的一本著名的哲学小说。卡莱尔在这本书中化身为一名英国编辑，将一名虚构的哲学家——第奥根尼 · 托尔福斯德吕克的生平和观点讲述给世人。

① 在英语中，“王国”与生物分类系统中的“界”均是单词“Kingdom”。因此，“动物王国”即“动物界”，“植物王国”即“植物界”。下文中不做区分。

几个月前，丁达尔教授[①]让我用高倍显微镜检查一滴干草浸出液，让我说说我觉得能够在其中看到什么生物体。我首先观察到了大量的细菌，它们一直用间歇性的、痉挛一样的运动方式四处蠕动。它们的植物性质现在也是毋庸置疑的。不仅是这些细菌与一些毋庸置疑的植物（比如颤藻和低等真菌）之间的高度相似性证明了这一结论，而且对其制造能力的测试也很快解决了这个问题——我们只需要把一小滴含有细菌的液体，滴入溶解了酒石酸铵、磷酸铵和硫酸铵的水溶液中，在非常短的时间内，澄清的液体就会因它们速度惊人的繁殖而变成乳白色，这自然就意味着仅仅从这些盐类物质中，它们就可以制造出活的细菌。

但其他比细菌大得多的活跃的生物不停地穿过我的视野，它们实际上会生长到 1/3000 英寸甚至更大——这是一个相对而言十分巨大的尺寸；每一个生物都有一个梨形的身体，其中小的一端微微弯曲，形成一根极为纤细的、长而弯曲的细丝或者鞭毛。在它后部的向内弯曲的凹面上，又长出一根长长的鞭毛，它纤细到要用最高倍的显微镜和对光的仔细操控才能够看清。在这个梨形小体的中心，我偶尔可以观察到一个清晰的圆形空间。经过仔细观察我们可以发现，这个清晰的空洞会以有规律的时间间隔，逐渐出现然后突然闭合消失。这种结构在最低等的动植物当中非常常见，被称为伸缩泡。

上面所描述的这个小生物，有时会通过前面鞭毛的摆

---

① 约翰·丁达尔，英国物理学家。他首先发现和研究了胶体中的丁达尔效应。

动，以一种奇怪的翻滚动作来充满活力地推动自己，而第二根鞭毛会跟随其后。有时，它会靠后面的鞭毛来锚定住自己，并在另一根鞭毛的作用下旋转，这种运动就像汹涌大海中的锚定浮标。有时，当两个小生物全速朝向彼此运动的时候，它们都会很灵巧地避开对方。有时，会有一群小生物聚集在一起、推来搡去，此时这些个体要花费的精力，就像是在大穆勒的观测者用望远镜观察霞慕尼谷中那些代表人类的小点一样。

这个奇观虽然总是令人惊奇，但对我而言不算新鲜。所以我对眼前问题的回答是：这些生物体就是生物学家所说的单胞体[①]，它们可能是动物，但也有可能像细菌一样属于植物[②]。令我悲伤的是，我的朋友听到我的裁决时，流露出一丝对我这种权威人士的不尊重。他宁愿相信羊是一种植物。我自然对这种不相信我的态度感到非常生气，因此我又思考了很久。而且，鉴于我还停留在最初的蹩脚结论上，我现在必须坦白说，我还不能肯定这个生物是动物还是植物。因此，我觉得我最好详细说明一下我有所犹豫的缘由。但是，首先，为了方便地将这个“单胞体”与其他许多拥有相同称呼的生物区别开，我必须给它起一个自己的名字。尽管出于一些目前还无须说明的原因，我对下列观点还不太确定，但是我认为，它和被法国著名微生物学家杜雅尔丹（图 5.8）称为“小扁豆单胞原虫”的物种是

---

① 单细胞生物的旧称，尤指有鞭毛的原生动物。

② 现在，我们一般不认为细菌属于植物。细菌属于原核生物。

相同的，尽管他的显微镜的放大倍数可能还不足以让他发现另一件有趣的事：它像是他曾命名为“异原虫”的、更大的单胞体。因此，我应该叫它“小扁豆异原虫”，而不是“单胞原虫”[①]。

图 5.8 费利克斯·杜雅尔丹

法国生物学家，主要从事微生物的研究。他指出了微生物并非类似于高等动物的“完整生物”，而有着它们特有的结构。除了微生物，他还研究了棘皮动物、昆虫和刺胞生物等。

① 本章中的异原虫是一种今属尾滴虫目的土壤鞭毛虫，长约10微米。大部分个体均有两根鞭毛。

之前，我一直无法长时间投入到异原虫研究上去，以弄清它的整个生活史——这需要数周乃至数月的不懈关注。但是我对此并不感到遗憾，因为达林格先生和德莱斯代尔先生（图 5.9）[①] 最近发表了一些关于某些单胞体的、引人注目的观察报告，它们的形态在某种程度上和我的小扁豆异原虫非常相似，因此一种单胞体生物的生活史可以用来解释另一种单胞体生物的生活史。这两位最有耐心、最勤勉的研究者，运用显微镜能够达到的最大倍数观察，还为了互相减轻负担，日夜观察着同一个单胞体。他们已经能够勾勒出异原虫的整个生活史的轮廓，而这些异原虫是在鳕鱼头部的浸出液中所发现的。

在这两位研究者描述和绘出的 4 种单胞体中，其中有一种，正如我已经说过的那样，在方方面面都与小扁豆异原虫非常相似，只是它有一个单独的、可以辨认的中心粒子——“核”，而在小扁豆异原虫之中却显然无法发现这一点。而且，达林格先生和德莱斯代尔先生也没有表明这种单胞体身上存在着伸缩泡，尽管他们在另一种单胞体中描述了这一点。

① 《单鞭滴虫的生活史研究：关于生源说的一课》，以及《对单胞体生活史的进一步研究》。《显微镜学月刊》，1873 年。——原注

图 5.9 威廉·亨利·达林格所使用的恒温培养箱

达林格是英国科学家。1880—1886 年期间，在苏格兰物理学家德莱斯戴尔的协助下，他运用可以提高温度的培养箱观察鞭毛虫的生命周期和对温度的适应性。达林格把培养箱的温度从 15℃升高到 70℃，发现初期的微生物在 23℃的条件下就已经无法存活，但在实验结束时，培养箱培育出的微生物已经能够在 70℃的条件下存活，却无法在 23℃的条件下存活。达林格因而成为第一个在显微镜下研究单细胞生物的完整生命周期，并研究它们对温度的适应性的科学家。他从而也成为达尔文的早期支持者，接受自然选择学说，并认为神创论是“绝对站不住脚的”。

然而他们的异原虫会以分裂的方式迅速繁殖。有时，它们会横向收缩，后半部分形成一根新的鞭毛，而后侧的鞭毛逐渐从底部分裂到游离端，直到它被分离为两个部分。考虑到这根鞭毛的直径不可能超过 1/100000 英寸，这一过程就显得非常奇妙了。它的菌体的收缩处会向内延伸，直到两个部分被一个狭窄的“峡谷”连接在一起；到了最后，它们会裂开，形成两个独立完整的异原虫并自行游走，它们分别都有两根鞭毛。有时，这种收缩会在纵向上发生，不过最终结果都是一样的。但不论是哪一种分裂方式，这一过程都不会超过 6~7 分钟。按照这个速度，一个异原虫在一个小时内就可以分裂出一千个相似个体，在两个小时内就可以分裂出约一百万个相似个体，而在三个小时内能够分裂出的个体数目，会比我们现在通常认为的地球人口数量还要多。或者说，如果我们给每一个异原虫一个小时的独处时光，那么只需要大约一天的时间，我们就能得到同样的结果。因此，在我们可以接触到的任何一种营养液中，这种生物体会突然大量出现的现象，也是非常容易解释的。

在上述这种分裂生殖过程中，异原虫会始终保持活跃的状态；但有时候，它会有另一种分裂的方式：它的菌体会变得近乎圆润而静止，并在这种静止状态中分成两个部分，每一部分很快就能变成一个活跃的异原虫。

不过，发生在两个单胞体接合后的生殖过程则更引人注目，这一过程被称为接合生殖。一个活跃的异原虫会靠到另一个的身上，然后逐渐接合成一体。此时，两个细胞核会结合成一个，而两个异原虫会融合成三角形的一团。在一段时间内，我们可以看到这两对鞭毛在两个角上，这两个角与接合后的两个单胞体的小末端相对应 。但是它们最终还是会消失，这两个生物体内部所有可见的结构痕迹全都会消失，并进入一种静止状态。突然，它的内部物质会出现波浪状的运动，而且在很短的时间内，三角形的顶端会破裂，流出一种有光泽的黄色浓稠液体，里面充满了微小的颗粒。在这个过程中，我们可以观察到，它涉及两个单独生物体的物质汇集和融合，而这一过程会在大约两小时内完成。

我引用的两位作者说，他们“无法表达”这些颗粒的微小程度，只能估计说它们的直径不到 1/200000 英寸。即便是借助目前最高倍的显微镜下，我们也几乎看不到这些小颗粒。然而，与物理学中的分子相比，这些颗粒的尺寸还是非常巨大的。因此，毋庸置疑的是，这种颗粒虽然很小，但是每一个都可能具有复杂到足以产生生命现象的分子结构。而且，事实上，在耐心观察这些小生命颗粒流出的地方之后，我们的研究者确信，它们会生长发育成新的单胞体。在它们被释放的四个小时后，它们的尺寸就达到了亲代的 1/6，并长出了特有的鞭毛，尽管它们一开始是一动不动的；再过四个小时，他们就会长到完整的尺寸，并表现出一个成熟个体的所有生命活动。这些不可思议微小颗粒，就是异原虫的生殖细胞，从这些生殖细胞的尺寸上，我们很容易就可以估计出，通过接合生殖产生的生物体最少也会有三万个。毫不夸张地说，这种缔约双方“合为一体”的联姻过程所产生的后果，会让马尔萨斯主义者[①]对宇宙的未来感到绝望。

我不知道我所引用的这些生活史研究者们，是否已经努力弄清过他们的单胞体是否会吸收固体营养物质；因此，尽管他们帮我们填补了我的异原虫的生活史空白，但是他们的观察并没有阐明我们试图解决的问题——它们究竟是动物，还是植物呢？

毫无疑问，关于支持把异原虫看成是一种植物这点，我们可以提出非常有利的论据。

例如，有一种非常难以看清、几乎要用显微镜才能观察到的真菌，叫作马铃薯致病疫霉。像许多其他真菌一样，它寄生在其他植物上，而且这种特定的致病疫霉恰巧既声名狼藉，又拥有政治重要性，我们可以说这与那些臭名昭著的政治家的职业生涯不无相似之处——他们都对人类造成了可怕的伤害。正是这种真菌引起了马铃薯的病害，因此，马铃薯致病疫霉（毫无疑问，它只出身于撒克逊，尽管这一说法并没有得到确证）导致了爱尔兰的饥荒。我们发现，感染这种病害的植物，都是受到了一种霉菌的感染。这种霉菌由一些被称为“菌丝”的管状的丝状体组成，它会钻入马铃薯的植株中，一边让自己逐渐适应于寄主的生命物质，一边又或直接或间接地引发了一些化学变化，让马铃薯的木质结构变得昏黑、潮湿、枯萎。

① 马尔萨斯，英国人口学家和政治经济学家。他曾做出预言：如果没有限制，人口会呈几何速率增长，食物供应会呈算术速率增长。一旦人口增长超越食物供应，人均占有食物就会减少，引发灾难。

然而在结构上，致病疫霉和普通青霉菌一样都是霉菌。而且正如青霉菌能通过其菌丝分裂形成的单独的圆形小体——孢子来繁殖一样，在致病疫霉中，部分菌丝也能通过马铃薯植株表层细胞的空隙生长到空气中，发育出众多孢子（图 5.10）。其中，每一根菌丝通常都会长出几条分支，而分支的末端会膨大生成闭合的囊体（图 5.10），并最终以孢子的形式脱落，落到同一株马铃薯的某些部位上，或是被风吹到另一个植株上。接着，它们会立刻发芽，长出管状的菌丝（图 5.10），并且钻入被寄生的植物体中。但是，更为常见的情况是，孢子把自己的内容物分成 6~8 个单独的部分，然后随着孢子的外壳脱落，每个部分都会破壳变成一个个独立的生物体（图 5.10）。它们呈豆状，一端比另一端窄，一侧凸出，另一侧凹陷。从凹陷处开始，一长一短的两根细长鞭毛从凹陷处长出，并向前方延伸。在靠近这些鞭毛的起始处的身体物质中，有一个规律伸缩的伸缩泡。较短的那根鞭毛会活跃地振动，造成菌体的运动，另一根鞭毛则跟随其后。整个菌体会绕着轴线滚动，尖端朝向前方。

著名植物学家德巴里并没有考虑到我们的问题，但他在描述这些“游动孢子”的运动时告诉我们，它们四处游动时“会小心翼翼地避开异物，整个运动和在微观动物身上观察到的自主的空间运动之间，有一种表面上的相似性”。

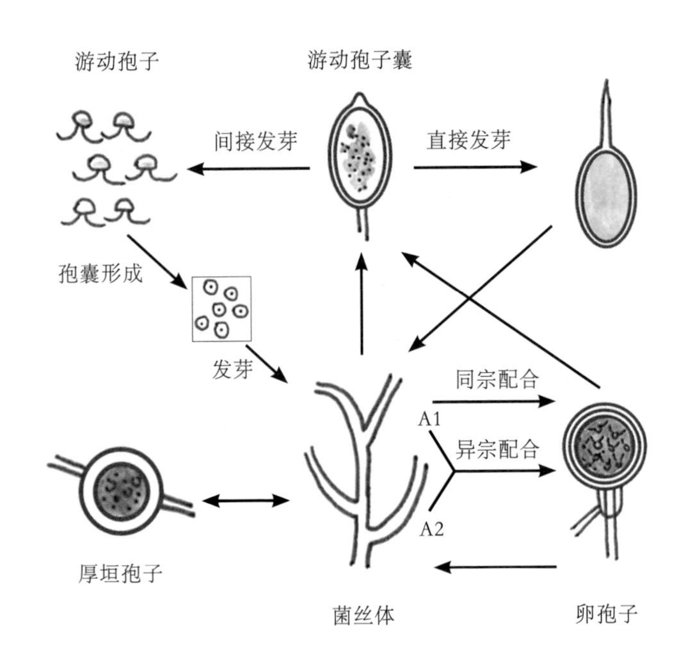

图 5.10 马铃薯致病疫霉的生活史

游动孢子（图 5.10）在叶或茎表层中的潮湿环境（虽然这种潮湿环境可能只是薄片状的，但是对游动孢子这种“鱼”来说，它就像是大海一样广袤）中以这种方式游动大约半小时后，或多或少会减慢运动速度，并且只绕着轴线缓慢转动，而不会改变其空间位置。接着，它会陷入一种极度的平静，鞭毛消失，整个菌体呈球形，周围会出现一层清晰但又纤薄的膜状外壳。然后，一个突起会从这个球体的一侧生长出来，并且迅速延长，呈现出菌丝的特征。这根菌丝随后会以钻入气孔或者表皮细胞壁的方式进入马铃薯的植株，并且以菌丝体（图 5.10）的形式在植物体内分叉，并破坏它接触到的组织。由于这种生殖过程非常迅速，上百万个孢子很快就会从受感染的植株中释放出来，而且由于它们很小，它们很容易被微风吹走。既然从每个孢子中释放出来的游动孢子都凭借它们的运动能力迅速散播到地面上，难怪这种传染过程一旦开始，很快就能从一块田地蔓延到另一块，迅速蔓延到整个国家。

然而，马铃薯疫病的防治并不在我目前的计划之中，尽管它的生活史会对其他流行病的研究有所启发。我之所以选择致病疫霉的例子，仅仅是因为它提供了一个生物体的案例。这种生物体在某个生命阶段中，是一个真正的“单胞体”，它与我们的异原虫在重要性质上没有任何区别，甚至在一些方面上非常相似。然而，我们如果一步步追踪我所描述的这种“单胞体”的一系列变形过程，就会发现它最终会呈现出一些更接近植物的特征，就像是橡树和榆树一样。

此外，我们还可以进行进一步的类比。在某些情况下，致病疫霉会进行接合生殖（图 5.10）。在这个过程中，两单独的原生质部分会融合在一起，用厚厚的外壳包裹自己，从而形成一种植物的“卵”——卵孢子（图 5.10）。经过一段时间的休眠，卵孢子的内容物会分裂成许多我描述过的那种游动孢子。每个游动孢子在运动一段时间后，会以正常的形式发芽。这一过程显然与异原虫的接合生殖以及随后的生殖细胞的释放过程一致。

但是，我们也可以说，归根结底，致病疫霉未必是一种植物，因为它似乎还缺少一种我们精挑细选出来的植物生命特征——制造的能力。换句话说，无论如何，我们都无法证明它不是从马铃薯植株中提取现成蛋白质的。

因此，让我们来举一个不受这些反对意见影响的例子。

有一些小植物，植物学家把它们归类于鞘毛藻属（图5.11），它们当中的一些成员会长在某些水草上，就像地衣会长在树上那样，但这并非真正的寄生。这些小植物的形态就像是一颗颗优雅的绿色星星，每一个角都可以分成一个个细胞。它身上的绿色来源于体内的叶绿素，在阳光的作用下，它无疑有着充分的分解碳酸气并释放氧气的制造能力。但是，在构成它的一些细胞中，原生质内容物有时候会分裂，其方法和致病疫霉的孢子分裂相似。而且，这些分裂的部分接着会被释放出来，成为像单胞体一样的活跃的游动孢子，它们中的每一个都呈椭圆形，在一端有两根活跃的长鞭毛。这些鞭毛会推动着它游动或长或短的时间，但最终都会进入一种休眠状态，并逐渐生长成一个个单独的鞘毛藻。此外，它也会通过接合生殖产生合子，其中的内容物会分裂并释放出来，成为单胞体的生殖细胞这一点也与致病疫霉相同。

如果致病疫霉和鞘毛藻的游动孢子的整个生活史不为我们所知，那么它们无疑会被归类为“单胞体”，和异原虫有着相同的地位。那么，为什么异原虫不是一种植物，尽管它经历的生命形态周期没有显示出致病疫霉和鞘毛藻那样的复杂过程呢？而且，事实上还有一些绿色生物体，比如衣藻和常见的团藻（图5.12），它们经历的生命形态周期都和异原虫有着同样简单的性质。

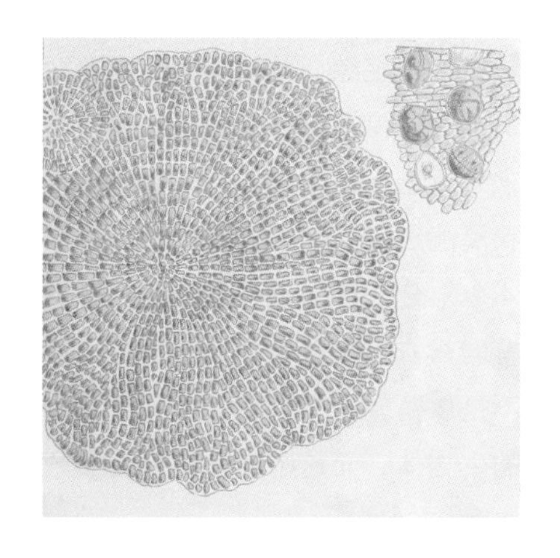

图 5.11 鞘毛藻

通常作为附生植物上水生植物或石头的表面上生长。

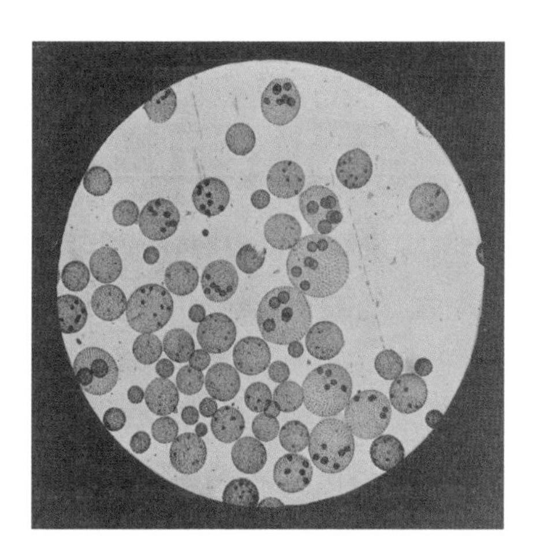

图 5.12 团藻

属绿藻门团藻科，分布于静止的小型池滨内，春季较盛，并常成纯群。藻体为球形群体，直径1~2毫米，能游动，整体由数百至上万个具有鞭毛的细胞排列成一层中空球状团聚体组成。中央腔内充满黏液，每个细胞的形状、结构与衣藻相似，各细胞之间有原生质丝相连。

衣藻是指某些微小的绿色生物体，每一个生物体都由一个无定形的囊所包裹的中央原生质体构成。这种囊和普通植物一样都含有纤维素。衣藻中的叶绿素使它呈现出绿色，并使它能够分解碳酸气并固定碳。两根长长的鞭毛穿过细胞壁并伸出体外，让这种“单胞体”可以快速移动。除去它的这种活动能力之外，它在各个方面上都像是一种植物。在一般情况下，衣藻能进行简单的分裂生殖，每个个体都能分裂成 2 个或 4 个部分，这些部分会分离并形成独立的生物体。不过，有时候衣藻会分裂成 8 个部分，每个部分有 4 根鞭毛，而不是 2 根。这些游动孢子会成对接合，形成一个静止不动的生物体，而这个生物体最终会通过分裂生殖进入活跃的生命状态。

因此，就生物体的外在形式及其生命历程中所经历的变化周期的一般性质而言，最贴切的表述是：衣藻和异原虫有着一定的相似性。而且，从外表上看，我们没有理由去否认异原虫这种无色真菌和衣藻这种绿藻之间的联系。至于团藻，我们可以把它比作一个中空的球体。它的球壁是由衣藻连贯而成的，在它的表面伸出的无数对纤毛的划动作用下，它以旋转运动的方式前进。此外，每一个团藻上都有一个红色斑点，就像是最简化版的动物眼睛一样。在每一个运动球体中，我们都能观察到与衣藻基本类似的分裂生殖和接合生殖的方式。在一场关于它的猛烈争辩后，团藻最终向植物学家屈服。

因此，我们真的没有理由去说异原虫不会是一种植物，而且，如果我们不能同样轻易地证明，我们没有理由去说它不是一种动物的话，那么前一个结论将会非常让人满意。因为有许多生物体都表现出了与异原虫极其相似的特征，并且它们也像异原虫一样，也被归类到“单胞体”的统称之中。然而，我们可以观察到它们会吸收固体营养物质，因此，它们即便没有真实的口和消化腔，也有着虚拟的口和消化腔。这样一来，它就符合居维叶对于动物的定义。埃伦伯格、杜雅尔丹、亨利·詹姆斯·克拉克①等纤毛虫研究者们都记述过这种动物形态。事实上，在另一种含有我的小扁豆异原虫的干草浸出液中，我也发现了无数这样的纤毛虫微生物，它们属于一类著名的物种——僧帽肾形虫（图 5.13）②。

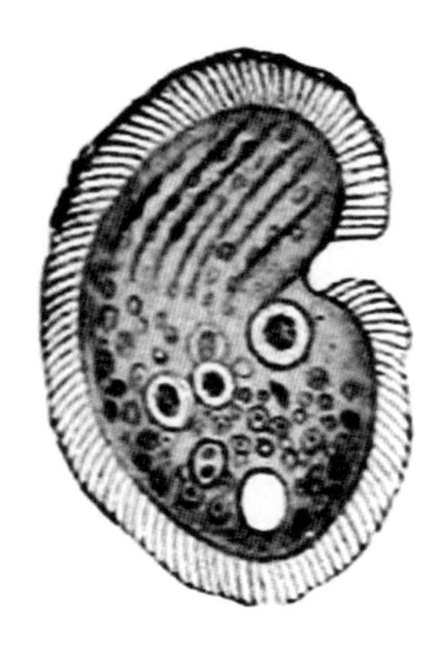

图 5.13 僧帽肾形虫

出自德国生理学家马克斯·费尔沃恩《普通生理学：生命科学纲要》（1899），第 205 页。

① 亨利·詹姆斯·克拉克，美国博物学家。

② 斯泰因对此给出了精彩的描述。我也几乎证实他的所有说法。——原注

这种微生物样本的完整尺寸在1/400~1/300英寸之间，因此它的长度可能是异原虫的10倍，重量可能是异原虫的1000倍。在形状上，它与异原虫也有着相似之处。然而，它较小的一端并没有形成一根长鞭毛，但虫体的整个表面都覆盖着活跃振动的小型纤毛状器官，它们在虫体较小的一端最长。在僧帽肾形虫身上，异原虫的两根鞭毛形成部位的对应处，有一个圆锥形的凹陷，这就是它的口。此外，在未成熟的僧帽肾形虫标本中，一根逐渐变细的细丝从这个部位伸出，这会让人想起异原虫的后侧鞭毛。

它的身体由一种柔软的颗粒状原生质体组成，其中央有一大块椭圆形物质被称为“细胞核”，同时，在它的尾端则有一个“伸缩泡”，其规律性的时隐时现非常明显。显然，尽管肾形虫不是单胞体，但是它和单胞体的区别只体现在次要的细节上。而且在特定的条件下，它会静止不动，将自己封闭在一个纤薄的容器或包囊中，然后分裂成2个、4个或更多的部分，而这些部分最终会被释放出来并四处游动，成为活跃的肾形虫。

但是，这种生物毋庸置疑是一种动物，完整尺寸的肾形虫就像鸡一样容易喂养。只需要在它们生活的水中溶解磨得很细的胭脂红色素，在很短的时间内，肾形虫的身体里就充满了这种色素的深色微粒。

如果这不足以证明肾形虫的动物性，我可以再举出一个事实。比起单胞体，它与另一种著名的微生物——草履虫（图5.14）更加相似。但是，与迄今为止所讨论的生物相比，草履虫的体型非常巨大，能够达到1/120英寸乃至

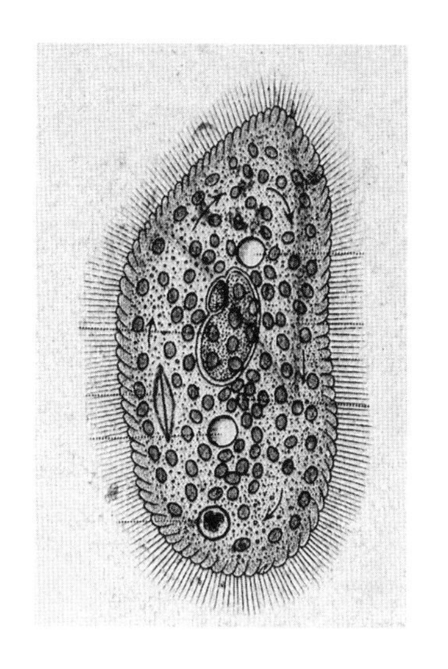

图 5.14 草履虫

属于纤毛虫门寡膜纲。其身体呈圆筒形，前端较圆，中后部较宽，后端较尖，平面看形状像倒置的草鞋，故名草履虫。

更大，因此，要弄清它的结构细节，并且证明它不仅仅是一种动物，还是一种结构有些复杂的动物，并不是什么难事。例如，它的身体表层结构和深层有所不同。它有两个伸缩泡，以它们为中心，一个导管状的系统向外延伸。不仅每个导管都与一个起着口和食道作用的圆锥型凹陷[①]相连，而且食物的摄取也有着特定的过程，废物也从一个特定的区域排出。没有什么事情会比喂养它们，并观察靛蓝或胭脂红颗粒在食道末端堆积更容易了——在这个过程中，这些色素颗粒会逐渐突出，被一个水泡包围，最后随着一阵颤动，这个水泡进入草履虫身体的中央浆状物质(这一过程与狼吞虎咽怪异地相似)，并在那里的一侧上升，另一

① 现在我们一般称为口沟，沟底有口，沟内有较为长密的纤毛，可鼓起水流而摄食。

侧下降着循环，直到其中的成分被消化和吸收。然而，这种复杂的动物还是会像单胞体一样分裂生殖和接合生殖。在动物性方面，它与异原虫相同。同样地，在植物性方面，它与肾形虫相同。从两者中的任何一个开始，这一系列难以察觉的渐变，致使我们在单胞体生物的任何发展阶段中，都无法说清动物和植物之间的界限在哪里。

我们有理由认为，对某些会经历单胞体阶段的生物体而言，比如黏菌，它们在生命中的一段时间会像是动物一样依赖外部蛋白质来源，而在另一段时间会像植物一样制造蛋白质。鉴于现代研究的全部进展都会支持一种连续性的理论，我们可以得出一个公正而且可能的推测（尽管这只是一种推测），认为既然有一些植物可以利用碳酸气、水、硝酸铵、金属和土壤盐分等貌似难以加工的无机物来制造蛋白质，而一些植物需要从酒石酸铵等不那么原始的化合物中获取碳和氮，因此，可能还存在着另外一类植物，它们可能就像真正的寄生植物一样，只能把加工得更好的原材料，即更接近于蛋白质的原材料组合在一起。后来，我们找到了这种生命体——黏孢子虫和蚕微孢子虫，它们在结构上既像动物又像植物，但是就依赖其他生物体作为食物来源而言，它们应该属于动物。

不过，迈耶[①]观察到了一个特殊的情况：虽然酵母菌毋庸置疑是一种植物，但是当我们给它们提供一种复杂的含氮物质——胃蛋白酶时，它们仍然会非常活跃地生长。不

---

① 阿道夫·迈耶，德国化学家。他曾于 1869 年在海德堡大学完成论文《酒精发酵、酵母菌的物质需求和代谢研究》。他也因研究烟草花叶病毒而闻名。

论是致病疫霉直接获取马铃薯植株原生质的营养的可能性，还是人们最近发现的食虫植物身上的一些奇妙现象，它们都和迈耶的发现一同支持了这一观点，并且导向以下的结论：动物和植物的区别是程度上的，而不是种类上的。在给定的情况下，一个生物体究竟是动物还是植物的问题，可能根本无法被解决。

BUCKLAND
CUVIER
OWEN
MANTELL

第六章

恐龙与鸟类之间亲缘关系的进一步证据

本章内容原刊载于《地质学会季刊》1870 年第 26 期，赫胥黎对注释略有增补，收入《托马斯·亨利·赫胥黎科学论文集》第三卷。这些由赫胥黎本人增添的文字，在本文中以方括号表示。

左图为伦敦水晶宫公园的恐龙雕塑完成前夕，主导科学家沃特豪斯·霍金斯在一座未完成的禽龙雕塑内举办的科学家晚宴。这一系列恐龙雕塑作为世界上第一个恐龙雕塑系列，原定为 1851 年伦敦世博会的展品，世博会闭幕后于搬迁后的水晶宫公园内全部完成。左图中这座禽龙雕塑由欧文主导制作，但被错误描绘成了四足行走的、类似于鬣蜥的沉重厚皮动物。这一错误不仅没有体现禽龙的发现者曼特尔对禽龙行走方式的修正，也造成古生物学界早期对恐龙的刻板印象在公共领域牢固树立了数十年之久。

1867年10月，我在去伯明翰的路上碰巧遇见了菲利普斯教授[①]，和他说起了一些主要关于鱼龙的古生物学问题（当时我正在研究这个问题）。等我回到伦敦，他非常亲切地敦促我去参观他在牛津大学博物馆负责的展品。我接受了他的邀请。不过，当我们穿过博物馆，走向鱼龙遗骸展柜的时候，我却在斑龙（图6.1）遗骸展柜前停了下来。那时，我可以像弗兰采斯加[②]那样说——

那天我们就不再读下去。

这的确是一件伟大的藏品，足以让许多人花费一天的工作时间来研究。它对我还有着特别的吸引力，因为在斑龙及其同类的组织结构方面，有一些难题长期困扰着我。

---

① 约翰·菲利普斯，英国地质学家，曾任伦敦国王学院、都柏林圣三一大学、牛津大学等校的地质学教授，是1859年建立的牛津大学自然史博物馆的首任馆长。

② 弗兰采斯加是但丁《神曲·地狱篇》中第五首的主人公。赫胥黎接下来引用的话也出自《神曲·地狱篇》第五首。

图 6.1 威廉 · 巴克兰（左上），牛津大学自然史博物馆的斑龙化石（右上）和欧文所绘的斑龙想象图（下）

斑龙（意为“巨大的蜥蜴”），又名巨齿龙、巨龙，是一种蜥臀目兽脚亚目的大型肉食性恐龙，生活在约 1 亿 6600 万年前侏罗纪中期的欧洲（英格兰南部、法国、葡萄牙），是最早以科学方式叙述、命名的恐龙。牛津大学自然史博物馆的斑龙化石是自 1815 年起于斯通菲尔德的采石场陆续发现，并由英国古生物学家巴克兰命名为斑龙属。

就在菲利普斯教授把我的注意力引向一件件珍贵的遗骸的时候，我的眼睛突然被从未见过的东西吸引住了。它就是这只大型爬行动物的完整胸弓（图 6.2）[①]，由一块肩胛骨和一个喙突[②]连结在一起。一个谜团霎时烟消云散。这个喙突与居维叶以及后来所有的解剖学家所描述的喙突完全不同。那么，这块骨骼究竟是什么呢？显然，如果它不属于肩带，那就一定是骨盆（图 6.2）的一部分，而骨盆中只有髂骨可能是与这块骨骼同源的骨骼[③]。与我手上的爬行动物和鸟类的骨架对比后发现，这不仅是一块髂骨，还是一块形状和比例比较特殊，但主要特征都是鸟类特征的髂骨。

接下来的问题是所谓的"锁骨"的性质。对它肩带结构的确定揭示了这块骨骼的同源部位，很明显，无论如何，它都不可能是真正的锁骨。那么可供选择的位置又一次落在骨盆之中。这一次，它可能是坐骨或者耻骨（图 6.3）；接着，由于这块髂骨在形状上有着鸟类的特征，那么我猜想，坐骨或耻骨在形状上不也可能具有鸟类特征吗？无论如何，这块"锁骨"都非常符合平胸总目鸟类[④]的坐骨。

---

① 胸弓包含肩胛骨、喙突这两块连接前肢与躯干的骨骼，以及肱骨、桡骨、尺骨、腕骨、掌骨、指骨等前肢诸骨骼。此外，胸弓与下文中的肩带、肩胛带、胸带等是同义词。

② 亦作乌喙骨。

③ 同源性指在进化上起源同一。

④ 平胸总目又名古颚总目，其下包含现存的大美洲鸵、非洲鸵鸟、南方鹤鸵、鸸鹋，以及已灭绝的恐鸟、象鸟等。它们都具有较大的体型，翼很短，无法飞翔。

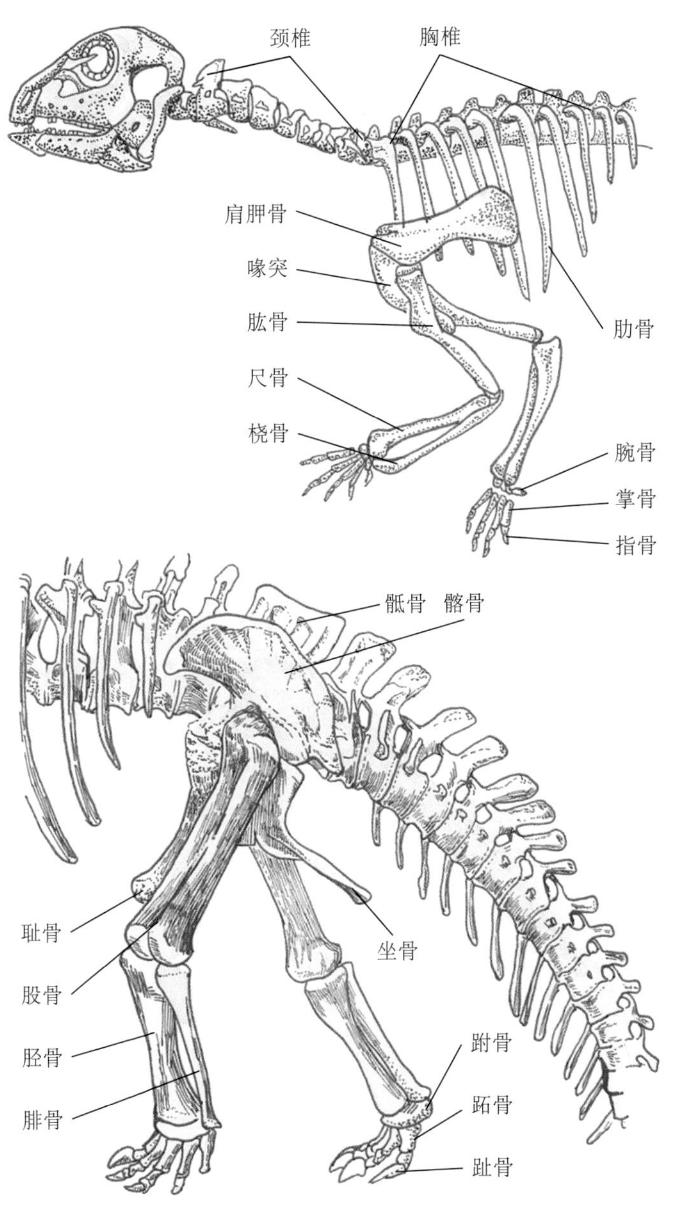

图 6.2 恐龙胸弓（上）和骨盆（下）示意图

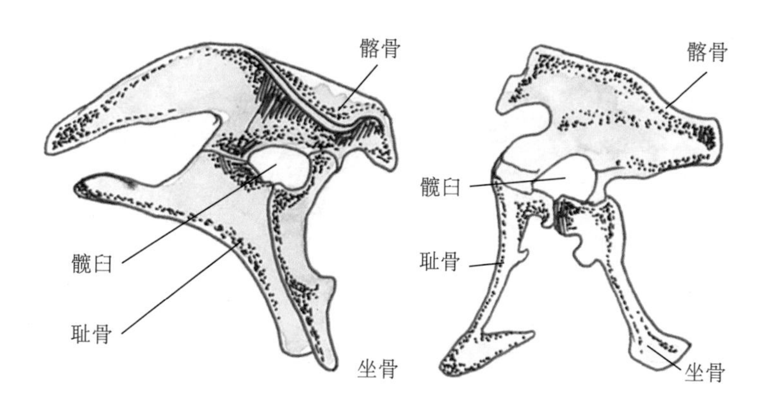

图 6.3 蜥臀目和鸟臀目恐龙的骨盆对比

蜥臀目恐龙具有三叉的骨盆结构，耻骨向前。鸟臀目恐龙演化出新的臀部结构，耻骨向后转到与坐骨平行，并有一个向前的突起，形成一种结构类似鸟类的四叉骨盆结构。

欧文教授（图 6.4）[①] 已经注意到，恐龙的骶骨与在某些鸟类身上发现的结构有着相似之处。但是，骨盆带中的这些鸟类特征还没有被任何解剖学家指出，却开辟了一个非常有趣的研究领域。为此，在 1867—1868 年的冬天，我把自己所有可自由支配的闲暇都花在了这个问题上面。我主要对大英博物馆的材料进行了严格检查，来确定斑龙的特征在多大程度上与一般恐龙相同。

① 欧文教授显然并不重视恐龙和鸟类之间有亲缘关系的事实，正如他在 1861 年的《英国爬行动物化石报告》第 102 页中所说："恐龙身上的爬行动物结构让它最接近哺乳动物。"——原注

图 6.4 理查德·欧文

英国生物学家、比较解剖学家和古生物学家，皇家学会成员，伦敦自然史博物馆的首任馆长。他在脊椎动物和古生物方面贡献巨大，他于 1842 年建立了恐龙总目（意为“可怕的蜥蜴”），下分三类——食肉的斑龙（图 6.1）、食草的禽龙（图 6.5）和装甲的林龙（图 6.9）。

我知道菲利普斯教授在他辛苦收集的藏品上面花费了大量的时间和心思，所以我请他为我提供一份说明，将我来访前的已有成果告知于我。1868 年初，他寄给我下面这封信：

牛津，1868 年 1 月 1 日

亲爱的赫胥黎——我必须马上告诉您，我在这个博物馆里有一些斑龙骨骼的标本，在进行多次检查之后，我对这些骨架的真实组成方式产生了怀疑。自从我上次有机会在标本面前与您讨论这个问题以来，您已经在下定结论、打消疑虑上取得了很大的进展。事实上，我已经没有什么新的或者重要的东西可以告诉您了。不过当我回忆起自己在斑龙问题上是如何得出与居维叶和巴克兰完全不同的看法的时候，我还是很高兴的——他们是这一领域最早的、功夫最深的探索者。当我来到牛津居住，并开始处理巴克兰博士的珍贵藏品的时候，我马上有了莫大的满足感，因为在斯通菲尔德[①]和附近同时代（地质学上）的鲕粒岩层[②]中，只有斑龙和真蜥鳄[③]这两类爬行动物的骨骼很常见。我

① 斯通菲尔德是牛津西北约 17 千米的村庄，是英国中侏罗纪脊椎动物化石最丰富的产地之一。赫胥黎在本文中提到的牛津的斑龙化石就是在此地发现，并由巴克兰命名。

② 鲕粒岩是一种主要成分为碳酸钙的沉积岩。

③ 真蜥鳄是一种生活在侏罗纪中期的海生鳄类，身长近 3 米。下文中的狭蜥鳄也是真蜥鳄科（*Teleosauridae*）的一属。

必须要补充上欧文发现的鲸龙[①]和更晚发现的狭蜥鳄。与需要仔细鉴别才能区分的真蜥鳄和狭蜥鳄相比，在这组藏品中，鲸龙骨骼更容易与斑龙骨骼区别开。不过，在我们非常丰富的藏品中，这两种爬行动物的同源骨骼并不多。我提到这些事，主要是为了让您确信，除去一些必要的例外情况，您见到的那个装满了大型陆生蜥蜴的化石的展柜里，除了它自己的遗骸之外，没有其他的东西。

当我想要用斯通菲尔德的化石来做实践课的讲座时，我常常想要展示一个骨架的草图，以便与鳄鱼的骨架相比较。就像三四十年前，各类大型爬行动物的解剖图印刻在我的脑海中的方式一样，我很高兴能够用这种方式来讲授它们的骨骼学知识。为了画出这么大的一个草图，我不得不对着那块被居维叶称为“喙突”的大骨骼检查思考了好几次，并按照巨蜥的样式，加上一块向胸骨延伸的部分来使它变得完整。等到我完成的时候，它庞大的胸部吓到了我。我急切地看遍了所有藏品，希望能找到能够缓解我的恐慌的东西。由于我没能找到什么胸骨或上胸骨的痕迹，我就检查了那块通常被称为“锁骨”的弯曲得十分奇特的骨骼，发现它的大小和胸部是一致的。接着，我注意到一副零碎的铲状骨。我马上判定，如果有必要的话，它们可

---

① 牛津的鲸龙由欧文发现，不过他一直认为它是一种鳄鱼。直到赫胥黎于1869年将鲸龙归类于恐龙后，鲸龙才真正为世人所了解。

以是肩胛骨[①]。把这些骨骼完全复原之后，它们呈现出长而扁平的形状，在宽阔的一面凹陷，而在狭窄的另一面凸出。除了鸟类之外，我不知道它们更像哪种动物的肩胛骨；除了几维鸟之外，我不知道它们更适合与哪种鸟类相比。于是我想：像这样的肩胛骨，怎么可能属于这样的喙突呢？为此，我检查了这块骨骼的肱端[②]，收集了所有的标本，发现它是由肩胛骨和肱骨两部分骨化在一起的。它们在一个边缘上合在一起并形成一个关节臼[③]。在这两个部分中，向胸骨延伸的那块会比较粗短，在4个标本中都呈喙突的形状，并且都有孔。按现在看来，长久以来被称为“喙突”的巨大而沉重的骨骼，其实应该属于骨盆。因此，复原骨架就必须在一个全新的基础上进行了。

于是，有一点马上就变得显而易见——我必须把那块被认为是“锁骨”的骨骼和与它相称的所谓“喙突”一起从它们原有的位置移走。它不可能属于目前已确定的喙肩弓。而认为这样一块像弓形腿一样弯曲的骨骼与桡骨或胫骨类似好像很不合适。如果与它类似的不是桡骨，也不是尺骨，那么说它像是腓骨可能更合适一些。这到底是一块什么骨骼呢？在我左右为难的时候，您找到了我，帮助我

---

① 欧文教授在他的《斑龙综述》（《英国科学促进会报告》,1841 年，第 108 页）中说：“它的肩胛骨是一个很薄的、轻微弯曲的板。它的宽度是均等的，但是它会向着肱端变宽和增厚，但又会向着关节边缘变薄。”——原注

② 指与肱骨连接的一端。下同。

③ 臼亦作盂、窝、腔。此处的关节臼指由肩胛骨、喙突和肱骨组成的凹陷处——肩臼，容纳肱骨头，构成肩关节。

对问题的整个情况有了更加清晰的认识。我给您看了几块我觉得最有可能是前肢的长骨，并对您说，如果我们把这块巨大的椭圆形骨骼称为喙突，斑龙的前肢将会更加轻盈、易用，而并不仅仅是对沉重躯体的有力支撑。我指出了一块不完整的骨骼，您很快就断定它是肱骨——与股骨相比，这块骨骼相当小。

接下来转到它的后端。鉴于我们很容易看出肩胛骨和喙突组成的小型肩臼与一块小型肱骨更加吻合，所以这块沉重的弓形骨盆骨上的巨大凹陷，应该附着在那块3英尺长的著名股骨的庞大股骨头上。但是，给这块巨大的骨盆骨命名成了我的一个难题。我的想法是，我们最好将这块骨盆骨宽阔平滑的表面与坐骨[①]和耻骨的表面相比较。而且与其认为它是髂骨，并承认这只野兽的臀部像鸟类一样狭窄、其股骨断面不会偏离垂直面[②]太多，不如认为它会更适合一个巨型生物的宽阔凹陷的身体（就像我构想的那样）。少数支持它是髂骨的特征是：第一，它与鸟类的髂骨相似，特别是几维鸟（我承认我对这种鸟类不太重视，因为这种观点不太可能被接受）；第二，在这块骨骼的一个面上，

① 欧文教授在他的《英国爬行动物报告》（《英国科学促进会报告》，第一卷，第109页）中，描述了“一块接近扁平形状、有3个面的骨骼，一端扁平且略微变宽，另一端增厚并陡然横向伸长，组成了一个大型杯状髋臼的一部分”，它很有可能是一块坐骨，“长18英寸，骨干中部宽5英寸，关节端宽9英寸、厚4英寸”。这块骨骼保存在哪里呢？——原注

② 此处的垂直面和后文中的“前—后断面”在今天解剖学中称为矢状面，是沿着前—后方向将身体纵切为左右两部分的断面。后文中的“正中垂直面”是指使左右两部分相等的垂直面（矢状面）。

有很明显的骨性附着痕迹，这可能是从骶骨伸出的几个连结骨突[①]在被去除后留下的。对于这一点，出于同样的原因，我不太愿意给予重视，因为这似乎会导致斑龙与原始的鸟类有着亲缘关系。正在我思考这个难题的时候，您找到了我，而且出乎我的意料的是，您又重新开始思考这个难题，并果断地把这块骨骼与鸵鸟及其同类的骨盆结构做了比较[②]。接着，您又抓住了所谓的“锁骨”，迅速以一种可能正确的方式把它置于突出髋臼（图 6.3）[③]外的其中一块粗隆上，并把它称作坐骨或是耻骨。比起蜥蜴类，它更像是鸵鸟类的骨骼。我从那时起所做的每一个观察，都证实了这一结论以及由此产生的推论。这即是说，我们在骨盆结构中发现了与鸟类明显类似之处，正如我们在胸骨结构中已经发现的那样。沿着同一个方向，我们也许还能发现鸟类四肢骨骼那种明显的空心管状特征。尽管我还没有在鲸龙身上发现这一点，但我觉得情况可能如此，而且会是如此。

由于您现在正在研究这种不寻常生物的正确亲缘关系，我在此提议：我会把我们博物馆最有特点的一些标本的详

---

① 在骨骼形态中，隆起是骨面基底较广的突起，粗隆是粗糙的隆起。另外，骨面突然高起的突起称为突，圆形的隆起称为结节，细长的锐缘称为嵴。下同。

② 看起来，巴克兰似乎向居维叶提出了一个现在看起来是正确的观点，但是他没有成功，因为我们可以看到居维叶写下的这样一段话：“然而，我对这块骨骼是蜥蜴的喙突这一点几乎毫不怀疑：它很像大不列颠岛上发现的骨骼，巴克兰先生将其与之相比。”（《骨化石》，第五卷，第二部，第 346 页）——原注

③ 指由髂骨、坐骨和耻骨组成的凹陷处，容纳股骨头，构成髋关节。

细绘图寄给您，并只想请您注意一下我观察到的一两件事。

我这有两种形态的大型骨盆骨（髂骨），一种是众所周知的普通形态，这种形态出现在几个样本中；另一种形态则出现在一个相当年幼的样本身上。两者间差距非常大，大到我觉得无法将它解释为年龄差距的结果。

我这还有两种形态的肩胛骨，它们都很大，但最大的一种（出自一个样本）是与喙突分开的，而其他（出自几个样本）则通过骨性连结[①]与喙突相连。您可以在我寄给您的绘图中看到这些区别。我倾向于认为，较大的样本属于鲸龙，其中一块较大的股骨（巨型鲸龙，欧文）是在牛津北部直布罗陀的一个年代相差不大的沉积层中发现的。

我们有几块来自斯通菲尔德的跖骨标本，它们无疑属于斑龙。最近，在斯温登的启莫里阶黏土中发现了 3 块跖骨，它们似乎也属于同一种爬行动物。它们并列而置，由一层厚厚的硒晶体外壳黏合在一起。现在这些外壳已经被移除，我们可以清楚地看到这些骨骼。

在我看来，这 3 块骨骼就是全部的跖骨，因此这个生物有 3 根脚趾。不过，我们当然也可能有理由不去过分相信一个否定性的证据，但在我看来，这似乎是一个可能正确的推断。既然我们对股骨、胫骨（或腓骨）、跖骨和爪骨有足够的了解，那么对这个动物的重建现在看来是可行的。但是，我们博物馆想要得到关于颈椎骨[②]、前侧胸椎骨，

① 骨性连接是指骨与骨之间借助纤维结缔组织、软骨或骨相连。

② 菲利普斯教授现在（1870 年 1 月）已经得到了一块颈椎骨。这块颈椎骨表明，它的头部比我们根据已知的下颚部分的推算结果要小。——原注

以及胸骨结构中部的信息。关于肋骨，我们已经有了足够的样本，从身体前部的非常短的二头肋骨，到身体正中部（或者说在正中部偏前一点）非常长的、宽阔的弓形二头肋骨。在我看来，有袋目动物的骨骼和斑龙的骨骼没有任何特别的相似之处；与斑龙形态最相似的动物，在爬行动物中是鳄鱼，在鸟类中则是鸵鸟科的鸟类。

祝您在恐龙问题上一切顺利。

您永远真挚的朋友。

约翰·菲利普斯

1868 年 2 月 7 日，我在皇家科学研究所的演讲《鸟类与爬行动物之间的最中间物种》中，发表了这项受菲利普斯教授所赐的研究的主要成果。这场演讲随后发表在皇家学会的学报中，同时也发表在《大众科学评论》中，并配上了各种插图。但在这场演讲中，我所画的恐龙结构插图几乎都来自禽龙（图 6.5）。我这样做的原因是，禽龙是唯一一个标本的主体组合在一起的恐龙，同时我们也可以清楚地辨认出很多单独分离的骨骼的所有特征。

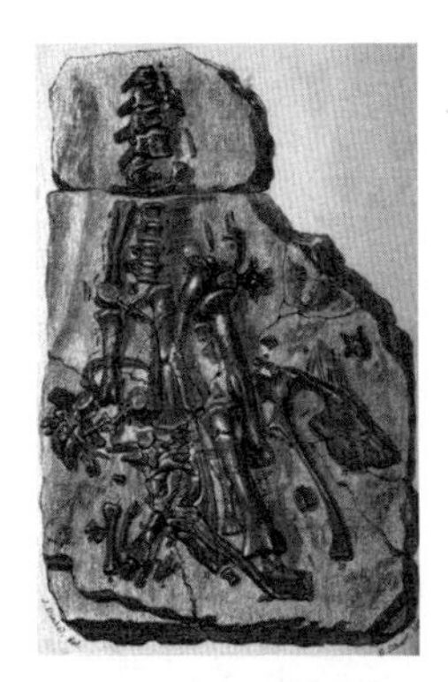
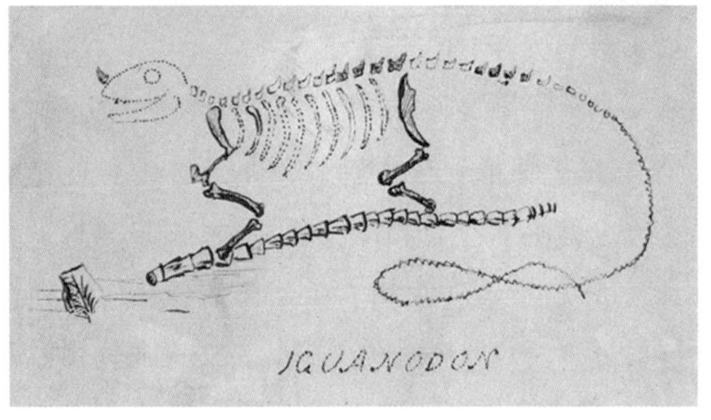

图 6.5 吉迪恩 · 曼特尔（左上），现藏于伦敦自然史博物馆的梅德斯通禽龙化石（右上），和曼特尔根据该化石绘制的禽龙复原图（下）

吉迪恩 · 曼特尔，英国医生、古生物学家和地质学家。他和他的妻子于 1822 年发现了一些牙齿化石。然而，当时居维叶将它们归为犀牛，巴克兰则将它们归为一种鱼。居维叶后来在《骨化石》中承认了他的错误，认为它们很可能属于一种草食性爬行动物。曼特尔发现这些牙齿与鬣蜥相似，因此于 1825 年将其命名为“禽龙”（意为“鬣蜥的牙齿”），使禽龙成为继斑龙后第二种被命名的恐龙。1834 年，曼特尔收购了于梅德斯通采石场发现的更为完整的禽龙化石，该化石被后人命名为曼特尔龙。但直到 1849 年，曼特尔才证明禽龙并不像欧文所想的厚皮动物那样重，其前肢也要比后肢短得多，它也因此可以二足行走。然而，在曼特尔因多年伤病去世后，欧文在水晶宫恐龙中仍然把禽龙描绘成鬣蜥式的四足动物。由于水晶宫恐龙的热烈公众反响，欧文实际上夺走了曼特尔在禽龙方面的成就，其对禽龙的错误描绘也维持了数十年。

我当时的结论如下：

恐龙是一种已经灭绝的爬行动物，包括禽龙、鸭嘴龙、斑龙、杂肋龙、棱背龙、板龙等种类。它们的化石分布于整个中生代岩石系中，绝大多数体型庞大。在我看来，它们提供了必要的条件。

在这些动物中，没有一种的头骨或颈椎是完全为我们所知的，我们也没有得到任何种类的胸骨和前足部分的化石。我们也没有发现任何锁骨的痕迹。

至于那些十分确定的特征，我们已经查明的是：

1. 有 4~6 节脊椎骨组成骶骨，并与髂骨相连接。这种方式具有部分鸟类特征、部分爬行动物特征。

2. 髂骨向前伸长，使其一部分位于髋臼的前方，一部分位于它的后方。由于髂骨的髋臼边缘[①]是宽阔的弓形，且髋臼底面多孔，这让它与鸟类髂骨的相似性大大增加。髋骨的其他两个组成部分[②]实际上并没有在这个位置被观察到。事实上，只有一个组成部分是完全为我们所知的，但它也因为具有非常强烈的鸟类特征而格外引人注目。尽管

① 指髂骨上位于髋臼周围的骨质边缘。下同。

② 髋骨是髂骨、耻骨、坐骨的统称。本句中髋骨的“其他两个组成部分”即是坐骨和耻骨。

睿智的巴克兰已经暗示过它的真正性质[①]，居维叶和他的继承者们仍然在斑龙和禽龙中将其称作“锁骨”。但是，这种“锁骨”一点也不像任何已知动物的锁骨，却与鸵鸟等鸟类的坐骨极为相似。而且，我们只在一个案例中发现这种“锁骨”与骨架其他部分没有混在一起。这个案例就是梅德斯通的禽龙。在它身上，这种“锁骨”分别位于身体两侧，并靠近髂骨。我坚信这些“锁骨”其实属于骨盆，而不是肩带。而且，我认为它们很有可能是坐骨，但我也不否认它们也可能是耻骨[②]。

4. 股骨头与其骨干[③]成直角，因此股骨的骨轴[④]必须与身体的正中垂直面平行，就像鸟类一样。

---

① 斑龙所谓的“喙突”是髂骨。我要感谢菲利普斯教授，感谢他在牛津收藏的壮观的斑龙遗骸，它们是关于这种爬行动物留下的最重要的证据。

[我不知道自己怎么会把巴克兰先生的建议混淆了的。在他的专题论文《论斑龙》(《地质学会学报》，第二卷，第 396 页)，巴克兰博士说：“图 3 所示的是髂骨的外观图，略微凹陷。内侧表面稍有凸出，显示出与骶骨形成关节的痕迹。”

这块骨骼就是居维叶评述过的、其评述也被菲利普斯教授所引用的骨骼。

后来的所有作者都追随了居维叶的错误判断，并忽略了巴克兰的判断——他的判断不仅非常正确，而且是揭示恐龙身体结构中许多重要部位的关键。所谓“锁骨”正是巴克兰自己命名的。居维叶对这一点有所迟疑，并倾向于认为它是腓骨。欧文教授说，锁骨的存在是恐龙的主要特征之一，“与鳄鱼肩胛带结构的不同之处，以及与蜥蜴动物的相似之处，主要就是有一对独立的锁骨。”——《维尔德岩层的爬行动物化石》，第 33 页。]——原注

② 此处原文缺少第 3 点，疑为作者笔误。

③ 长骨中央较细长的部分。

④ 指骨骼断面上沿着截断方向的中线。

5. 股骨外髁[①]的后侧面有一条粗壮的嵴，它穿过腓骨头和胫骨头之间，就像鸟类一样。这种结构在其他爬行动物身上只有不完全的雏形。

6. 胫骨有一条巨大的前嵴，或称“胫骨前嵴”，内侧面凹陷，外侧面凸出。其他爬行动物身上没有类似的结构。但大多数鸟类，特别是那些行走能力或游泳能力很强的鸟类，都有相应的发达的嵴。

7. 腓骨的下端远远小于上端。从比例上讲，它也比其他爬行动物的腓骨更加纤细。在鸟类中，腓骨的远端[②]逐渐变细，直到变为一个点，而且它还要更加纤细。

8. 棱背龙有 4 根完整的脚趾，但是还有第 5 块跖骨的雏形。第 3 根脚趾——中趾是最大的，而后趾的跖骨的近端要比远端小得多。禽龙有 3 根大型脚趾，其中中趾是最长的。我们已经发现，第一跖骨的细长近端附着在第二跖骨的内侧面，因此，如果后趾发育完全的话，它可能会非常小。我们没有观察到外趾的雏形。

从 3 块主要跖骨形成关节的方式可以清楚地看出，它们连接得非常紧密牢固。铺展开的脚趾趾骨区域也提供了一个足以支撑身体的底部。

---

① 股骨下端（远端）左右膨大，并向后弓曲，形成两个股骨髁。位于外侧的髁称为外髁，位于内侧的髁称为内髁，两个股骨髁与胫骨上端构成膝关节。

② 在解剖学方位中，远侧是指与身体中心相对远，而近侧是指与身体中心相对近。例如，人体的上臂处于近侧，而手处于远侧。

根据前肢和后肢的巨大差异，曼特尔和最近的莱迪①得出了这样的结论：恐龙（至少是禽龙和鸭嘴龙）可以在或长或短的时间内使用后腿支撑自己。不过，比克尔斯先生②在维尔德发现了巨大的三趾脚印的痕迹。它们的尺寸如此之大，相距如此之远，以至于人们很难相信除了禽龙之外还有什么动物可以留下这种脚印。这就产生了如下假设：这种巨大的爬行动物，也许还有其他家族成员，一定能暂时或永久地用后腿行走。

无论如何，毋庸置疑的是，恐龙后躯③的总体结构与鸟类惊人地接近。因此，与现存的任何动物相比，这些已灭绝的爬行动物与鸟类的亲缘关系要更加密切。④

在这则阐释中，我并没有提到恐龙身体结构中的一个部位，因为当时我还没有发现它对我们正在讨论的问题的影响。我指的是胫骨远端非常独特的结构。

我费了好大的劲才搞明白这块骨骼的结构，因为现有的描述非常不完善，有时还建立在那些被修复者破坏且错

---

① 约瑟夫·莱迪，美国古生物学家。他命名了福克鸭嘴龙的正模标本，并认为福克鸭嘴龙可以采取二足姿势。这与当时的主流观点完全相反。

② 塞缪尔·比克尔斯，英国恐龙研究者。1854 年，针对在英格兰维尔德地区中发现的具有鸟类特征的大型三趾足迹，比克尔斯认为它们来自大型二足动物，并认为可能来自当时普遍认为是四足动物的恐龙。1862 年，他将这种恐龙识别为禽龙。

③ 指臀部和后腿。

④《英国皇家科学研究所学报》，1868 年 2 月 7 日，星期五。——原注

误拼凑的骨骼上。在大英博物馆的藏品中，我唯一可以找到的完全可信的禽龙胫骨是一块编号为 36403 的小骨骼。它已经碎成了好几块，但被很好地拼合在一起，拼合后也一点都没有变形。第二块禽龙胫骨是编号为 28669 的骨骼，其近端保存得非常完好。有一块被绘过图的斑龙胫骨（编号为 31809），其远端已不完整。不过，在藏品中还有另一块斑龙胫骨，其远端依然插在基体之中。在我的请求下，它被非常小心地取了出来。这是我见过最完美的胫骨。

这块胫骨（图 6.6）的近端形成一条巨大的胫骨嵴，其外侧面凹陷，内侧面突出。但是，当两个髁[①]的后部落在一个平面上时，嵴的外缘的突起不会超过胫骨的外侧面。胫骨近端的内髁和外髁并没有太大差别，不过外髁要更小。这块胫骨近端的外侧面有一条粗壮的纵嵴，用于腓骨的附着。骨干从前向后会变得有些扁平，而且远端还会变得更加扁平、宽阔。另外，胫骨远端面朝的方向与胫骨近端主要面朝的方向大不相同。假设髁落在一个后侧的平面上的话，它的两个面分别是向内和向外的；但是，胫骨远端的两个面分别是向前、向外和向后、向内的。这块胫骨远端的断面和近端的断面几乎成直角。远端的前外侧面有些光滑，显然是为了与另一块骨骼形成关节。这个面的上侧和内侧都被一个轮廓分明的边缘包围住，这个边缘截断了骨干的表面。这个边缘起初是向外和向后延伸的，并且向下凸出，但当它到达胫骨表面的中部时，转而向上，并且在

---

① 胫骨上端（近端）左右膨大，形成两个胫骨髁。位于外侧的髁称为外髁，位于内侧的髁称为内髁，两个胫骨髁与股骨下端构成膝关节。

胫骨远端约 1/5 长度处消失。远端关节面的内部比外部宽，而且外部比内部突出得更远，因此远端的下轮廓是倾斜的，并且轻微弯曲。

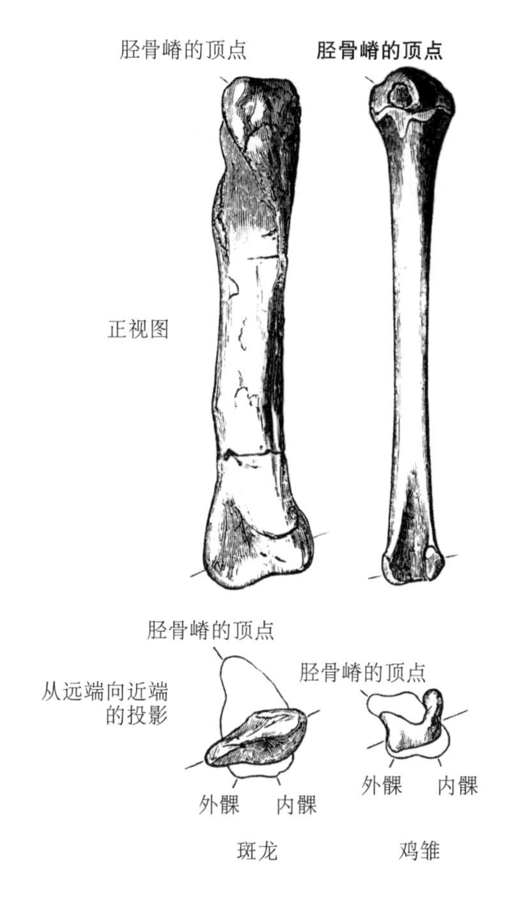

图 6.6 斑龙右胫骨（左）和鸡雏右胫骨（右）在两种视图上的比较

在正视图中，两个关节髁的后缘落在纸平面上。作一条直线横断胫骨远端的正中断面。胫骨近端 1/3 处的外侧面上可以看到粗壮的腓骨嵴。

在从远端向近端的投影中，近端的轮廓用线画出，直线含义相同。

禽龙的胫骨在一般特征上与斑龙的胫骨相似，但是其近端的两个髁差别更大，当两个髁的后缘落在一个平面上时，这条巨大胫骨嵴的弯曲会远远超过胫骨外侧面。胫骨外侧髁的下方有一个小面给腓骨近端附着，但在胫骨的外侧面并没有形成嵴给腓骨附着。它远侧的半部分不像斑龙骨骼那样扁平，而是更像一个三面体。它的断面与胫骨的前一后断面的扭曲方式相同，就像斑龙一样。它的远端可以分成较大的前一内端和较小的后一外端，前者呈凸关节面，看上去向下、向外倾斜；而后者是一个不规则的凹凸面，它猛然突起并远远超过了另一端。

对斑龙胫骨远端真实形态的测定产生了一些有趣的结果。

在《骨化石》[①] 第四版，第九卷 [②]，第 204 页，《蜥蜴化石》章节中，出现了下面的段落：

一块来自翁弗勒尔 [③] 的胫骨下半部分，附着有跗骨 [④] 中的另一块骨骼——距骨和一块可能属于腓骨的碎片（图 6.7），都说明了这只后脚有着一种非常特殊的结构。

要理解这只后脚的性质，我们需要设想，这些骨骼所属的腿部是从一侧到另一侧愈发扁平的，所以它像鸭子的

① 指居维叶于 1821—1823 年出版的《骨化石研究，其中几种动物的特征在地球的运转中被破坏了，但正在被修复》。

② 此处赫胥黎有笔误，应为第十卷。

③ 翁弗勒尔是法国卡尔瓦多斯省的一个市镇。

④ 跗骨是组成足的后半部的短骨，包括距骨、跟骨等骨骼。

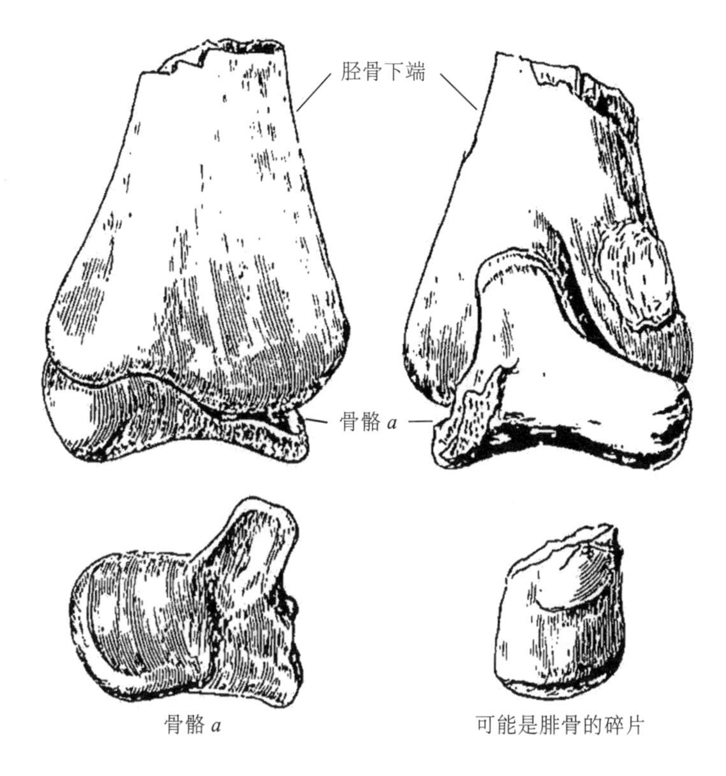

图 6.7 翁弗勒尔蜥蜴的胫骨下端、骨骼 *a*（可能是距骨）**及可能是腓骨的碎片**

出自居维叶《骨化石》第四版，图版 249，图 34~37。

跗骨一样后侧尖锐，而不是像鳄鱼[①]或者巨蜥的骨骼那样从前向后愈发平坦。考虑到这一观念，图 34~36 中的骨骼 *a*（图 6.7），在形态上和鳄鱼的距骨有些相似，但是我们可以看到，它的跟骨一定完全在后侧，而且非常小。

① 鳄鱼属于爬行动物下主龙类（意为“具有优势的蜥蜴”）下的伪鳄类。在主龙类下除了伪鳄类之外还包括鸟跖类，其中包括翼龙、非鸟恐龙和鸟类。

胫骨的关节面长 0.14 米，它宽度最大的位置（0.04 米）是在前侧 1/4 处，并有着尖锐的角度。在它的后侧，它的内缘呈波浪状，一条弯曲的嵴沿着胫骨内侧面斜向上升，并且和距骨扁平的上突形成关节。这块距骨扁平的形状非常奇特，乍一看的话，您可能会认为它是哺乳动物的跟骨。

这块距骨的下方是一个凸圆柱面，上方是一个不规则的凹面，来适应胫骨关节面的弯曲处；在它的内缘后侧，出现了我所说的那种扁平的骨突。它的内侧面呈半月形。在后方，它被截断，呈现出一个凹陷的小面，这无疑是与跟骨形成关节的。

假设这条腿的下半部分以及这块跗骨所属的动物的比例与恒河鳄近乎相同的话，它的身长不可能少于 36 英尺；如果假设它的比例和巨蜥相同的话，它的身长必须要达到 46 英尺。

现在，如果我们把斑龙的胫骨远端与居维叶的翁弗勒尔蜥蜴的胫骨远端进行比较就会发现，两者显然是非常相似的。因此，斑龙身上也一定会有一块和翁弗勒尔蜥蜴非常相似的距骨。支持这一结论的证据来自另一个人。

在《诺曼底林奈学会学报》（第六卷，1838 年）中，有一篇由尤德斯 - 德隆尚先生[①]撰写的出色论文《巴克兰杂

① 尤德斯 - 德隆尚，法国博物学家和古生物学家，也是诺曼底林奈学会的创始人之一。1822 年，他当选为卡昂救济委员会的外科医生，并在业余时间进行地质研究。不久，他在卡昂的一个采石场发现了真蜥鳄的遗骸。后来，他撰写了有关真蜥鳄和杂肋龙，以及侏罗纪的软体动物的论文。

肋龙：介于鳄鱼和蜥蜴之间的大型蜥蜴化石》。该化石发现于卡昂的一个采石场。这具动物遗骸显示，它体长25~30英尺。由于巴克兰斑龙的牙齿也是在卡昂的岩石中找到的，德隆尚倾向于杂肋龙的特征可能和斑龙的特征一致。在他的杂肋龙骨骼中，德隆尚发现了两块距骨，这两块距骨和居维叶在《骨化石》中描绘的骨骼极其惊人地相似。接着，他把其中一根骨骼附着在一块他之前认为是股骨的碎片的一端，发现这块碎片其实是胫骨的远端，其大致特征都与居维叶在翁弗勒尔的黏土中发现的标本一致。德隆尚如果那时候就知道斑龙胫骨远端的真实结构的话，那么他对巨蜥和斑龙之间亲缘关系的紧密性的理解就会大大增强。

我是到1868年2月才了解到这一点的。正是基于刚才所提到的这些事实，我在刚才提到的讲座中，把杂肋龙归入了恐龙的名单。然而，当时我还没有看到费城的科普教授（图6.8）的以下综述，这些综述收录于1866年11月和1867年12月的《费城自然科学院学报》以及1869年6月的《波士顿自然史学会学报》。这是对他之前发表的关于美国暴风龙（图6.9）的描述的重要补充。

图6.8 爱德华·德林克·科普

美国古生物学家、比较解剖学家。他曾于19世纪末与当时另一位古生物学家马什展开了一场激烈的化石发现竞赛，史称“化石战争”。期间他们现了超过130个恐龙物种，但其不正当竞争也牵扯到伪造和毁坏化石、盗窃、贿赂以及人身攻击等丑闻。

图 6.9 美国古生物学家查尔斯 · 奈特所绘的暴风龙想象图

根据目前的唯一部分身体骨骼，暴风龙是一种蜥臀目兽脚亚目恐龙，其身长约 7.5 米，臀部高度为 1.8 米，重量约 1.5 吨。暴风龙是首批在北美洲发现的恐龙之一，其化石于 1866 年在美国新泽西州发现，并由古生物学家科普以希腊神话中的猎犬莱拉普斯命名。据说，它能捉到世界上所有的猎物。但是，后人发现暴风龙的学名与一种螨的属名重复，所以马什在 1877 年将它更名为伤龙，意为“具有老鹰的爪”。

科普教授在他的第二篇综述中得出的一般性结论与我自己得出的结论非常相似。这种相似性使我有必要指出，我不可能在讲座授课时，更不可能在菲利普斯教授写下我在开头提及的信件的时候就知道这些结论。

E.D. 科普指出了某些恐龙的胫骨和腓骨之间存在的反常联系，如暴风龙所示。他说，胫骨的远端是横向的，而且非常扁平，并没有显示出任何的关节面[①]的通常外形——它既没有爬行动物的髁，也没有足以容纳对这种体积的动物来说足够大的距骨的臼。他们还发现了一块有着宽阔沙漏状关节面的骨骼和一些其他的遗骸。看到这块骨骼的解剖学家都感到困惑不解。沿着这块骨骼的整个后部有两个面，形成了一个固定关节的凹角。他们发现这块骨骼恰好可以附着在胫骨的末端，并且被粗壮的关节韧带所固定。它的髁在中点处狭窄，方向向前并且微微向下，和距骨并没有太多的相似之处，因此我们可以对它提出其他的解释。经过仔细检查，它明显是腓骨的远端。这个部位在膝盖处提供了一个很小的关节面，并通过其内面的凹陷与胫骨贴合，由于它的方向是倾斜的，它在远端 1/3 处会变得非常纤细，并与胫骨的前侧面相贴合。接着，它扩展成一个延伸到胫骨内缘的板块，坚实的胫骨沿着外缘继续延伸，这两者都终止于巨大的髁。这个髁就像骨骺[②]一样包裹着整个胫骨的远端。

在脊椎动物中，我们仅仅知道另一个这种结构的例子。我只在居维叶的《骨化石》第十卷第 204 页，图版 249，图 34，35 中见过（图 6.7）。居维叶研究了来自翁弗勒尔的附有腓骨髁[③]的胫骨远端。他无法把它所属的动物归入任何已知的种和属，但他以一贯的睿智，把它归入斑龙一

① 指由胫骨远端、腓骨下端和距骨组成的距腿关节。

② 骨骺是长骨两端的部分，与其他骨骼形成关节互相连接。

③ 现在一般称为腓骨的踝。

章中。然而，他认为胫骨表面是在内侧面而非外侧面承接着承载腓骨髁的骨骼，并指出这块胫骨是在侧向受压扁平，而不是在前后方向上受压扁平。这种结构在脊椎动物身上是非常反常的。他认为这块承载腓骨髁的骨骼是距骨，而且并没有发现它的上突和腓骨之间有任何连接。其部分原因是因为一块有着明显远侧关节的腓骨和同一些骨骼承接在一起。

腓骨髁的外端（居维叶所述的前端）有一个小面，可能附着在跟骨的对应面上。腓骨髁的断面是横向的，并没有覆盖整个外端，外端的前缘和前上部分突出的结节都超过了这一关节面。在这一关节面上缘中间的外侧，还有在上突的内侧基部，都和更高等的猿类动物的肱骨髁一样是有孔的，而且可能会承接一个类似的距骨冠状突。

和居维叶检查过的物种相比，这个腓骨髁在形态上不怎么向上；在居维叶的标本中，上突更扁平、更宽阔，而且会朝向跟骨的小面，而不是背向它；它也没有近中的穿孔。它的胫侧面看上去是圆的，并非成一个角度的。胫骨有一个向上的嵴，到达上突所附着的面。在暴风龙的身上，胫骨并没有嵴，骨突呈轻微凹陷状。这个骨突就像是腓骨的细长部分一样，是由致密的骨骼组成的……

髁的方向表明，跗骨的关节与小腿成一个相当大的角度。因此，这只动物是完全跖行[①]的，无法将脚伸到和小腿处于一条直线上。毫无疑问，除了距骨之外，这只动物

① 跖行指动物全部脚掌着地的行走方式。

的体重还由另外一块跗骨分担，因为这块跗骨位于靠前的位置。

在大多数已知的恐龙中，胫骨和腓骨的关系与现代的蜥蜴目动物中的情况类似。这样一来，恐龙这一个纲[①]似乎有两个不同的目：第一个目包括棱背龙（欧文）、林龙（曼特尔，图 6.10）、禽龙（曼特尔）和鸭嘴龙（莱迪），可以被称为直足亚目；第二个目包括暴风龙（科普），可能还包括斑龙（巴克兰），可以被称为弯足亚目[②]。

图 6.10 欧文所绘的林龙化石（上）与霍金斯所绘的林龙想象图（下）

林龙（意为“森林蜥蜴”），又名森林龙、丛林龙或海拉尔龙，是一种鸟臀目恐龙。它是第一种被发现的甲龙类，也是继斑龙和禽龙之后第三种被命名的恐龙。它的正模标本由曼特尔在 1832 年于英格兰南部维尔德地区苏塞克斯的梯尔盖特森林发现，目前保存于伦敦自然史博物馆。曼特尔推测林龙是身体两侧具刺的装甲恐龙，长约 7.6 米。然而，霍金斯和欧文在水晶宫恐龙中将林龙描绘成一只很像鬣蜥的大型野兽，刺也像鬣蜥那样长在背部，而非像甲龙那样长在身体两侧。

① 现在我们一般称为恐龙总目。

② 《费城自然科学院学报》，1866 年 11 月 13 日。——原注

科普教授的描述毫无疑问地表明，暴风龙身上有着胫骨以及与它形成关节的反常骨骼，它的远端构造方式和斑龙、翁弗勒尔蜥蜴和杂肋龙相同。但是，随着时间的推移，我们会清楚地发现，就像居维叶所认定的那样，这块反常的骨骼一定是距骨，而不是腓骨的一部分；我觉得我们也会发现，从形态学的观点来看，他的宣称胫骨是侧向受压扁平的观点也是对的。不过，我认为并没有证据能证明暴风龙的跖行特性；相反，这仅仅是一种推测。最后，我将要提出一些证据，来表明上述所有的恐龙种类都拥有我们讨论的胫骨和距骨的结构，因此，直足亚目和弯足亚目两个类别必须被废除。

科普教授对这种与鸟类相似的已灭绝爬行动物的描述如下：

他说，它们之间的近似之处体现在两个点上。第一点出现在翼龙身上，它和一种与今天的鸟类略有区别的鸟类——始祖鸟（图 6.11）体现出了相似之处。第二点，同样也是非常突出的一点，出现在恐龙的弯足亚目和联足亚目身上。他指出，普通恐龙和鸟类之间的本质区别，在于弯足亚目身上的两列截然不同的跗骨、向前的耻骨和牙齿的存在这几个方面。在弯足亚目的下一属——暴风龙属（科普）身上，近侧一列跗骨主要由一大块距骨构成。这块距骨在第二列跗骨上有着非常广泛的运动。它固定且紧密

图 6.11 始祖鸟的首个骨骼标本

该化石在 1861 年于德国出土，并最终保存在伦敦自然史博物馆。该标本保存了除头及颈部之外的大部分骨骼。1863 年，欧文将它命名为大尾始祖鸟。始祖鸟是介于有羽毛恐龙和鸟类之间的过渡物种。达尔文在《物种起源》中指出，欧文的这一发现是爬行类与鸟类之间的过渡。

地包裹着胫骨，可能还与腓骨相连。这一点很像格根包尔[①]所描述的刚出生九天时的小鸡的脚的结构。关于颧弓的描述不多。他确信康涅狄格砂岩上那个最像鸟类的足迹，是由一个与之相近的属——深颌龙[②]（莱迪）所留下的。毫无疑问，这些生物或多或少地采取了直立的姿势，内脏等的重量则由细长而致密的耻骨支撑。这种骨骼在某种程度上类似于无胎盘哺乳动物中的有袋动物的骨骼，尽管它们可能并不是同源的。

他说，他确信禽龙等恐龙身上所谓的锁骨其实是耻骨，它们的位置与鳄目动物身上的耻骨位置很类似。他还确信，居维叶在法国观察到的另一个物种与暴风龙不同，他提议将其称为“高卢暴风龙”[③]。

而联足亚目下的一属——美颌龙（瓦格纳[④]，图 6.12）身上也表现出了上述第二种特征。这些特征体现在胫骨和腓骨的整个结合部分以及第一列跗骨上。以前，这一特征

---

① 卡尔·格根包尔，德国解剖学家，曾任耶拿大学和海德堡大学解剖学教授。他是达尔文的强力支持者，并在比较解剖学领域提供了支持进化论的重要证据。他强调各种动物之间的结构相似性为其进化提供了线索历史。他指出，对进化的历史而言，最可靠的线索是同源部位的比较，即具有共同进化起源的解剖部位的比较。

② 深颌龙（意为“深的颌部”）又名北方异齿龙，然而它并不是一种恐龙，而是一种合弓纲动物。它生活在约 2 亿 7000 万年前的二叠纪早期。目前只有一个发现于加拿大爱德华王子岛的标本。1855 年，约瑟夫·莱迪将这个化石叙述、命名，最初将它归类于恐龙，目前则归类于盘龙目楔齿龙科的异齿龙属。

③ 现在称为扭椎龙，但仍是疑名。

④ 约翰·安德里亚斯·瓦格纳，德国古生物学家。

图 6.12 美颌龙化石

美颌龙（意为“美丽的颌”）是一种蜥臀目兽脚亚目的小型双足肉食性恐龙，身长约 1 米，体重约 0.83~3.5 千克，其体表可能覆有类似羽毛的结构。19 世纪 60 年代，格根包尔和科普都曾提出美颌龙与始祖鸟之间有类似之处。1868 年初，赫胥黎参考前人假设，比较了美颌龙和始祖鸟的标本，发现两者只在前肢比例、有无羽毛上有差异。他因而得出，美颌龙与始祖鸟是近亲，原始鸟类与恐龙有着亲缘关系。

被认为只属于鸟纲动物，直到格根包尔指出了这一点。这一属和鸟类的另一个相似之处在于横向的耻骨（除非是瓦格纳在绘制标本时出错了），它们的位置介于大多数爬行动物和鸟类的情况中间。其他与鸟类类似的特征还包括颈椎骨的数量增加和伸长，以及头部的弓等骨骼的轻盈结构。

他认为，拥有分离的跖骨的企鹅，是更接近鸟类一边的。但是，他没有办法指出，我们到底应该是沿着这个方向，还是要去有长尾的平胸类鸟类（例如鸵鸟等）中，去寻找与联足亚目最接近的物种。⑤

⑤《费城自然科学院学报》，1867 年 12 月 31 日。我想说，我的专题论文《论鸟类的分类》是 1867 年夏天在《动物学会学报》上发表的。科普教授显然仔细地研究了我的这篇文章，我对此感到十分荣幸。——原注

1869年6月18日的《波士顿自然史学会学报》指出，科普教授“描述了基波特的塞缪尔·洛克伍德博士[①]在新泽西州蒙茅斯县下层海绿石砂岩地层下的黏质泥灰岩中发现的一块大型恐龙的碎片。这块化石长约16英寸，远端宽约14英寸，是胫骨和腓骨的末端，其中距骨一跟骨和胫骨连结。他认为，第一列跗骨内部的连结以及它们与胫骨的连结是最有趣的一点。这一特点只能在鸟类和爬行动物中的美颌龙身上才能找到。因此，他把这一动物归入联足亚目，与由瓦格纳命名的美颌龙接近。这个腓骨的末端是以游离状态承接进距骨一跟骨的臼中的。这证实了演讲者的论断，即禽龙和鸭嘴龙的腓骨被它们的描述者弄颠倒了。骨髓腔中充满了宽阔的骨松质。这一物种比佛克鸭嘴龙的模式标本大一半左右，他将其命名为怪异鸟踝龙”。

我很满意地发现，像科普教授这样一个有才能的解剖学家，竟然在事实的引导之下，与我同时得出了大体相同的结论。但是，可以发现的是，我们在细节上有着很大的分歧。例如，在我看来，恐龙所谓的“锁骨”更可能是坐骨，而不是耻骨；在我的禽龙复原图中，它们以一种接近鸟类坐骨的方式向后，而不是像科普教授所猜想的像鳄鱼一样向前。此外，科普教授没有提到髂骨以及胫骨、腓骨近端的强烈鸟类特征。在描述暴风龙的距骨时，科普教授说：“在脊椎动物中，我们只知道另一个这种结构的例子。”他指的是居维叶的翁弗勒尔蜥蜴。但是，正如我马上要指出的那样，这种距骨在最常见的鸟类身上是完全相似的，

① 塞缪尔·洛克伍德，美国博物学家。

而且很可能在整个鸟纲中也是如此。

科普教授指出，恐龙的腓骨被禽龙和鸭嘴龙的描述者给上下颠倒了。我很清楚的是，前一种爬行动物的腓骨在插图中被画家正确描绘，但在文中被描述者小心谨慎地颠倒了过来。但是，科普教授只要参考了我在《大众科学评论》上的演讲就能发现，即使我没有讲太多关于腓骨的内容，也已经讲过了腓骨两端的正确位置关系。

我在本文中要提出的恐龙与鸟类之间亲缘关系的进一步证据包括：第一，骨盆结构，如斑龙、禽龙和棱齿龙[①]所示；第二，胫骨远端和距骨远端的结构，如杂肋龙、斑龙和暴风龙所示。

如果将现存爬行动物的骨盆和现存鸟类的骨盆进行比较，我们可以观察到以下的差异（图 6.13）：

1. 爬行动物的髂骨并没有在髋臼前方延长，髋臼要么被骨骼完全封闭住，要么就和鳄目动物一样只呈现出一个中等大小的囟门。

鸟类的髂骨在髋臼前方大大延长，髋臼的顶部是一个宽大的弓形，而髋臼的内壁依然是膜质的。弓形前突或髋臼前突比后突或髋臼后突向下延伸得更长。

现在，在我考察的所有恐龙中，髂骨都远远地伸到髋臼的前方，并且就像鸟类一样，只给那个臼提供了一个宽阔的弓形顶部。在髋臼后突的进一步按比例向下延伸方面，它保留了爬行动物的特征。

① 棱齿龙的第一个骨骼化石于 1849 被发现，但在当时被认为属于禽龙，棱齿龙的完整叙述直到 1870 年代才由赫胥黎发表。

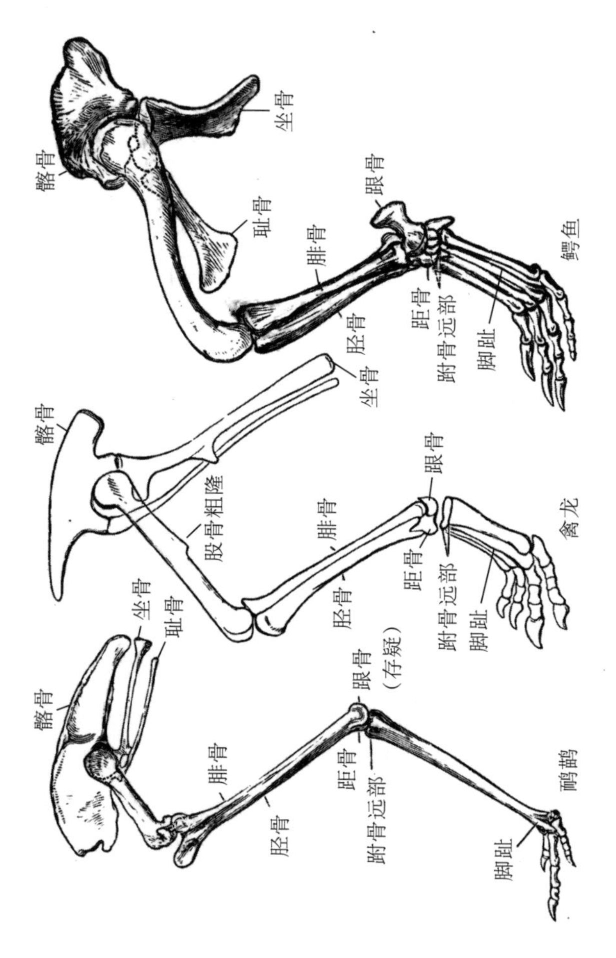

图 6.13 鸸鹋（左）、鳄鱼（右）的骨盆和后肢与禽龙（中）相应部位的复原图的比较

鸸鹋的骨骼位于它们的自然体位；禽龙的跖骨能是否可以抬得这么高可能还不得而知；鳄鱼的脚是自然平放在地面上的，它的大腿几乎与身体成直角。三张图的左侧均表示前侧。

2. 爬行动物的坐骨是一块中等长度的骨骼，在髋臼中与耻骨相连，并且向下、向内或稍微向后延伸，与耻骨在正中腹侧的联合[①]处结合。闭孔[②]的空间没有被坐骨外半部分和前半部分的前突阻断。

所有鸟类的坐骨都是拉长且向后倾斜的，后倾的角度在几维鸟中最大，在美洲鸵鸟身上最小。坐骨从来都不会在正中腹侧的联合处直接结合在一起，尽管它们会在美洲鸵鸟的背侧结合在一起。坐骨外半部分的前缘通常会形成一个骨突，它与耻骨相连，从而阻断了闭孔的空间。

在所有我能辨认出骨骼的恐龙——槽齿龙、巨齿鳄[③]、狭盘龙[④]、鸭嘴龙和棱齿龙当中，坐骨都被大大拉长了。在禽龙身上，它有着和鸟类坐骨相同的闭孔突特征，我也猜想在美颌龙身上也可以看到同样的骨突。在棱齿龙身上，一定也有这个坐骨，而且它坐骨显著的细长度和延伸程度让它拥有了一种奇妙的鸟类特征。在禽龙身上，这种细长度和延伸程度的特征超出了在鸟类身上能观察到的特征。然而，我倾向于认为，在所有的恐龙身上，都会像在棱齿龙身上一样，坐骨在正中腹侧的联合处结合在一起。

因此，恐龙的坐骨比现存的爬行动物更像鸟类的坐骨，

---

① 联合是两块骨骼之间通过纤维软骨连接的关节。此处指的是耻骨联合。

② 闭孔是骨盆中由耻骨与坐骨结合而围成的一对卵圆形大孔。

③ 巨齿鳄（意为“怪物蜥蜴”），是主龙类下伪鳄类劳氏鳄科的一属，生活在三叠纪的德国。

④ 狭盘龙（意为“狭窄的骨盆”），是一种鸟臀目的原始厚头龙类恐龙，生活在白垩纪早期的德国。

但是它保留了爬行动物的联合。

3. 所有爬行动物的耻骨都朝腹中线向前、向下倾斜。在除了鳄鱼之外的所有爬行动物中，耻骨都在髋臼的形成中占了很大的份额。总而言之，除了鳄鱼之外，骨化的耻骨都在中线上和坐骨直接相连。在鳄鱼中，耻骨的内端在很大程度上依然是软骨质的。因此，在干燥的骨架中，耻骨的骨化部分之间依然相距甚远。

菲利普斯教授在牛津的博物馆向我展示了我认为是斑龙耻骨的碎片。如果我判断正确的话，那么这些碎片在很多方面都与鸵鸟相似。但因为它们处于从身体中脱离的状态，我无法确定它们的方向。美颌龙的耻骨则非常不幸地被股骨遮住了。它们似乎很纤细，也像蜥蜴的耻骨一样朝向前方和下方。事实上，如果有些蜥蜴以美颌龙的体位成为化石，它们耻骨的形态和方向将会和美颌龙的耻骨非常相似。

然而，棱齿龙提供了向鸟类更进一步的明确证据。它的耻骨不仅和最典型的鸟类一样细长，而且它们与坐骨平行地朝向下方和后方，因此只留下了一个非常狭长、被闭孔突隔开的闭孔。我怀疑，如果我们只发现了棱齿龙的耻骨和坐骨，它们会被我们毫不犹豫地归类为鸟类。

因此，就其耻骨而言，棱齿龙提供了爬行动物和鸟类之间的一个明确无误的过渡。目前，棱齿龙的这种结构变化在恐龙中的普遍性还有待观察。根据美颌龙和狭盘龙的遗骸，我猜想这种特征绝不会是普遍存在的。事实上，在这一点上，就像在其他许多方面上一样，我有理由认为恐龙向我们展示了从副鳄[①]结构到鸟类结构的一系列变化。

胫骨远端和距骨远端所提供的证据也体现出了相同的趋势。

几周前，我有幸见到了牛津的詹姆斯·帕克先生[②]收藏的壮观的斑龙遗骸，并认出了这只爬行动物的距骨。它正如我已经从胫骨结构中推断出来的那样，与杂肋龙中的相应骨骼完全相似。

在另一具标本中，胫骨远端和腓骨远端都在它们原本的位置，距骨上的上突的痕迹，以及一块距骨骨质的碎片，也处于它们原本的位置。有了像斑龙这样的典型恐龙的胫骨、腓骨和距骨的完整知识，我们就可以将这些骨骼与爬行动物和鸟类的相应骨骼进行比较，就像我们做过的骨盆比较一样。

在爬行动物（指普通的蜥蜴目和鳄目动物，即目前我只考虑这两类动物）中：

1. 胫骨近端只有一条非常小或者说相当原始的胫骨嵴，其外侧面没有腓骨嵴。

2. 在胫骨远端扁平的两个面中，看上去一个面的方向向前的，或者是向前和向内的；另一个面的方向是向后的，或者是向后和向外的。当胫骨近端的两个髁的后缘落在一

---

① 这里，属名“副鳄”指的是一种来自印度三叠纪的爬行动物。我希望马上就能给诸位描述它，因为它显然与箭齿龙有着紧密的关联。——原注

② 詹姆斯·帕克，英国考古学家和古董商人，居住在牛津，是英国考古学家、建筑学家、出版商、时任牛津阿什莫林博物馆管理员的约翰·亨利·帕克之子。

个面向前方的平面上时，远端的长轴要么与这个面近乎平行，要么从前部开始倾斜，而不向后和向内倾斜。

3. 在胫骨的前侧面上，没有凹陷来承接距骨的上突。

4. 腓骨远端与近端等大，或者大于近端，并且主要与距骨外部的一个小面形成关节。

5. 距骨并不是从上往下变得凹陷、扁平的，也没有在胫骨前方形成上突。

6. 距骨和胫骨之间保持着相当的距离。

在上述所有方面，任何普通的鸟，比如说鸡，都与爬行动物形成了鲜明的对比。

1. 胫骨近端向前向外形成一条巨大的胫骨嵴，在外侧面也有一条粗壮的腓骨嵴（图 6.6）。

2. 当胫骨髁的后缘落在一个平面上时，这块骨骼远端的一个扁平的面方向向外、向前，而另一个扁平的面方向向内、向后，远端的骨轴从内向外、从后向前与平面呈 45° 角倾斜，这与爬行动物中的方向恰好相反（图 6.6）。

3. 在胫骨远端的前侧面有一个较深的纵向凹陷，承接距骨的上突（图 6.6，图 6.14）。

4. 腓骨远端的形状较小，并不与距骨直接形成关节。

5. 距骨是一块极度凹陷的骨骼，有一个凹陷的近侧面和一个滑轮状的凸出的远侧面。在胫骨前侧面的凹槽中，有一个骨突从其前缘向上延伸（图 6.14）。在鸡当中，这个骨突相对较短，并有两个孔给胫骨前肌和总伸肌；而在非洲鸵鸟和鸸鹋中，这一突起有着极长的长度，并且没有那么多的孔。

6. 距骨和胫骨连结在一起（尽管在非洲鸵鸟、美洲鸵鸟以及某些鸡的品种中，距骨在很长一段时间之内保持分离状态的）。

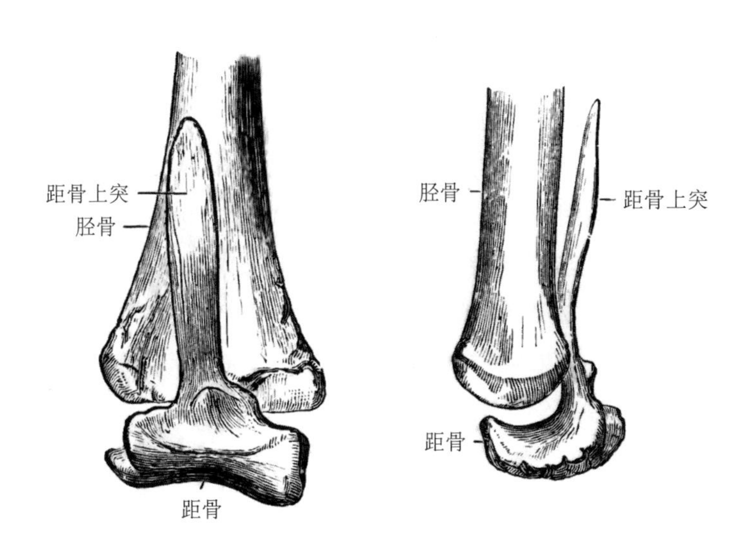

图 6.14 英国皇家外科医学会博物馆里一只非洲鸵鸟雏鸟的胫骨远端

现在，在上述的这些细节方面（也许除去最后一个），斑龙都更像鸟类而不是爬行动物：

1. 斑龙有一条巨大的胫骨嵴和一条腓骨嵴（图 6.6）。

2. 其胫骨远端的排列方式和鸟类一样（图 6.6）。

3. 其胫骨有一个窝可以承接距骨的上突（图 6.6）。

4. 其腓骨远端虽然并没有鸟类那么细长，但还是要比近端小得多。它不能像爬行动物那样与距骨恰好形成关节。

5. 其距骨和鸟类的距骨完全相似，有一个短小的上突。我怀疑科普教授在暴风龙的这个上突中观察到的孔，是一个或多个肌腱孔的开口，就像鸡当中的那样。

6. 在斑龙的一生中，距骨似乎一直都是与胫骨分离的；但是在美颌龙身上，它们似乎是连结在一起的，而且在科普教授的描述中，鸟髁龙身上也有这种连结。我相信自己有证据表明，在优肢龙[①]身上也同样有这种连结。

在平日里杜金鸡被端上餐桌的时候，我发现它的胫骨和距骨依然很容易分离。此时，胫骨的骨骺也很容易脱落。如果我们发现了杜金鸡没有骨骺的胫骨化石和距骨化石，那么，我不知道还有什么办法能够将它们与恐龙骨骼区别开来。此外，如果一只半孵化的鸡雏的整个后躯，从髂骨到脚趾能够突然变大、骨化，并变成化石的话，那么这些化石将为我们提供鸟类和爬行动物之间过渡的最后一步。因为在其特征中，没有什么能够阻止我们把它们归为恐龙。

① 优肢龙（意为“腿好的蜥蜴”）是蜥臀目蜥脚亚目板龙科的半双足恐龙，生活在三叠纪晚期的南非、莱索托及津巴布韦。它可能与板龙是同一物种。其正模标本于 1863 年发现，并于 1866 年由赫胥黎正式描述和命名。

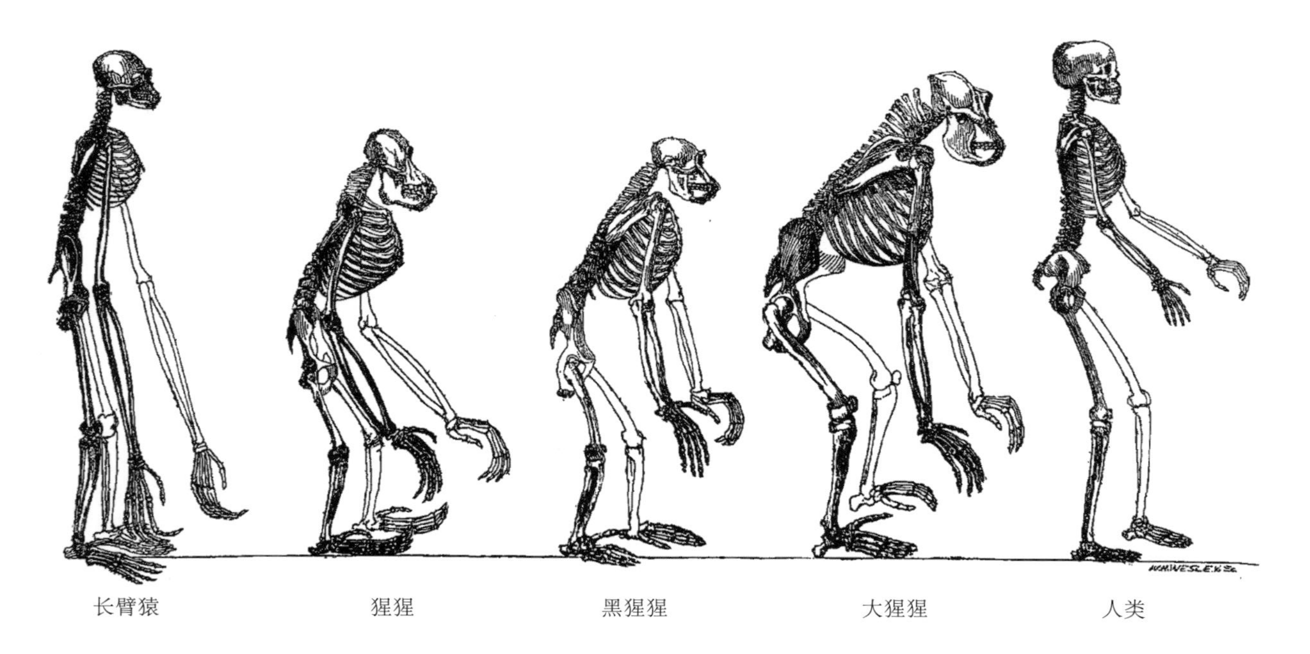

由沃特豪斯·霍金斯先生依据皇家外科医学会博物馆的标本绘制的骨架示意图的缩小版，除了长臂猿骨架比原来放大了一倍之外，其余动物骨架均为自然大小。本图为赫胥黎《赫胥黎文集》第七卷《关于人类在自然界中位置的证据》的第一章《类人猿的自然史》的插图。

第七章

人类与较低等动物的关系

本章内容原收录于《赫胥黎文集》第七卷《关于人类在自然界中位置的证据》。

许多人可以看到，类人猿与人之间的差异，较之白天与夜晚的差异还要来得更为巨大；然而尽管如此，这些人——凭借设立的在最高等的欧洲英雄与居住在好望角的霍屯督人之间的比较——仍将无比艰难地说服自己，他们之间拥有同样的祖先；或者，倘若他们要将宫廷中打扮与教养都无与伦比的高贵贞女，同贞洁的森林人与他们自身加以比较，他们便罕能预见到，此之于彼乃是同一个物种了。

——林奈（图 7.1）《学园乐事》，

“类人动物”（图 7.2）

图 7.1 卡尔·林奈

瑞典博物学家。他奠定了现代生物学命名法二名法的基础，是现代生物分类学之父。他最著名的成就是采用双名法，以拉丁文来为生物命名，其中第一个名字是属的名字，第二个是种的名字，属名为名词，种名为形容词，用来形容物种的特性，还有可能会加上发现者或负责人的名字用来纪念。林奈用这种方法给植物命名，其后为动物命名，此种命名法也一直沿用至今。

图 7.2 林奈所绘的四种“类人动物”

人类问题中的问题——这个问题是所有问题的基础，而且比其他任何问题都更有趣——就是确定人类在自然界中的地位，以及人类与宇宙万物之间的关系。我们的种族从何而来？我们的力量对自然的限制是什么？自然的力量对我们的限制是什么？我们的目标又是什么？这些问题会一再出现，而每一个存在于这个世界上的人，都不会减少对这些问题的兴趣。对于这些问题，我们中的大多数原始答案的探求者，一遇到相伴而来的艰难险阻就会退缩不前，并甘愿完全忽视它们，或者躲在那些受人尊敬且值得尊敬的传统的羽翼下，扼杀了自己的探索精神。但是，在每一个时代，总会有一两个不安的灵魂拥有建设性的才华，这种才华或构建于稳固基石，或被怀疑论的幽灵所诅咒。他们不会遵循自己祖先和同代人的所建的那陈腐而舒适的轨迹，反而会不顾荆棘和碎石，冲出自己的一条路。怀疑论者或以不忠实地坚称问题无法解决而收场，或以否认事物可以有序地发展和控制的无神论告终；而天才们则提出了解决方案，这些解决方案或成长为神学或哲学的系统，或掩盖在音乐的语言的面纱之下，这种语言隐含的意义远远超过其字面表达，形成了一种时代的诗歌。

对这些重大问题的每一个回答，即便不是为回答者自己，也总是被他的追随者坚称：这就是最完整、最终极的答案，并会在一到二十个世纪内保持高度的权威性，受到极度的推崇。但是，时间也总是会证明，每一个回答都只是接近真相而已——这些答案能够被容忍，主要是因为接受者们的无知。并且，等到后人以更多的知识检验这些答案，它们就会变得完全不可忍受了。

在一个老生常谈的比喻中，人类的生命与毛毛虫向蝴蝶的蜕变有着相似之处。不过，如果我们把人类的生命替换成人类种族的精神进步，那么这种比喻可能就更为恰当和新颖。历史表明，在持续增长的知识滋养下，人类心智会周期性地成长，并冲破覆盖于其上的理论，然后将这些碎片以一种全新的面貌呈现出来，就像一条被喂养的、不断成长的幼虫，会不时扔下它过于狭窄的外壳，并且呈现出一个全新而又暂时的自己。的确，人类的成虫状态看起来极为遥远，但他们的每一次蜕皮都会让他前进一步，而且这样的蜕皮，人类已经经历过很多次了。

文艺复兴以来，欧洲的西方种族开始向真正的知识前进。这种知识起源于希腊的先哲们，但在随后漫长的智力停滞时期（或者至少要称为智力摇摆时期），这种进步几乎停止。不过，人类的幼虫一直在积极地进食，并相应地蜕皮。在16世纪，某些部分的皮肤被塑造出来；到了18世纪末，又出现了另一种皮肤；在过去的50年中，自然科学的每一个部分取得的惊人进展，都在我们中间传播着营养丰富的精神食粮，并且激发了一种特征：一次新的蜕变似乎又即将来临。但是，这一过程常常伴随着许多阵痛、疾病和虚弱，也可能伴随着严重的混乱过程。因此，每一位优秀公民都应该意识到，自己有义务来促进这一进程，即使他除了一把手术刀可用之外一无所有，也要竭尽全力蜕下自己已然裂开的外壳。

这一义务就是我发表这些文章的理由。我们必须承认，关于人类在生命世界中的位置的一些知识，是正确认识人与宇宙关系的必不可少的初步准备；从长远来看，这又要归结为对人类与那些奇异生物间关系的性质和接近程度的探究。我在前文①中已经概述了这些生物的历史②。

这种探究的重要性在直观上确实是明显的。只要与这些和人类界限模糊的复制品面对面，就连头脑最简单的人的观念也会受到某种冲击。这种惊讶，与其归结于他对那种看起来像是侮辱性漫画一样的样貌感到厌恶，不如说是他突然被唤起一种深刻的不信任感，一种针对关于他在自然界中的位置以及与低等动物的关系的久负盛名的理论和

① 指《赫胥黎文集》第七卷《关于人类在自然界中位置的证据》的第一章《类人猿的自然史》。

② 读者可知，在上一篇文章中，我从大量关于类人猿的论文中挑选出了一些值得注意的、仅仅在我看来具有特殊意义的论文。——原注

根深蒂固的偏见的不信任感。对于那些头脑简单的人来说，这仍然是一种模糊的怀疑，但对于所有了解解剖学和生理学最新进展的人来说，这就变成了一场充满最为深刻的重要性的广泛争论。

我现在准备简要地呈现这一论点，并以一种那些不那么了解解剖学的人也可以理解的形式，陈述一些主要事实，一些所有关于人类与动物世界之间关系的性质和范围的结论都必须基于的事实；然后，我将会指出一个直接结论，在我看来，这一结论会被这些事实证明是正确的；最后，我将会讨论这一结论对于那些关于人类起源的、已被人们考虑到的假设的依赖。

我首先想要请读者注意的这些事实，虽然被许多自称是公共智识的专业导师们所忽视，但它们却非常容易证明，并且得到了科学界人士的普遍认可。鉴于这些事实的意义如此重大，我认为凡是充分思考过它们的人，就不会在生物学的其他启示中发现什么令他吃惊的东西。我指的这些事实，就是在那些在发育研究中已经为人所知的事实。

下面这条真理，即使并非普遍适用，也是广泛适用的——每一种生物最初存在的形式，会不同于且简单于它最终达到的形式。

和橡实所包含的植物雏形相比，橡树是一个更为复杂的生物；毛毛虫比它的卵更复杂，蝴蝶比毛毛虫更加复杂。对于这些生物而言，在它们的雏形和成熟状态之间，它们都经历了一系列的变化。这些变化的总和被称为它的发育。在高等动物中，这些变化极为复杂，但是在过去的半个世纪里，冯·贝尔[①]、拉特克[②]、赖歇特[③]、比朔夫[④]和雷马克[⑤]等人的工作几乎完全揭示了这种变化的秘密。所以，现在对于一条狗所呈现出的连续发育阶段，对胚胎学家来说是一清二楚的，就像蚕蛾变态的阶段对于一个小学生来说也很清楚一样。仔细思考犬科动物发育阶段的性质和顺序，对我们非常有用，因为它是高等动物发育过程的一个一般案例。

狗和所有动物一样，保留了最低等动物的特征（进一步的研究并非不可能会否定这一明显特例）——它的存在始于一个卵。作为一个物体，狗的卵在任何意义上都很像母鸡下的鸡蛋；但是，它缺乏营养物质的累积，而这种营养物质的累积赋予了鸡蛋较大的尺寸和对自身的用处；它也缺少卵壳，这种卵壳不仅对在母体内孵化的动物毫无用处，而且还会切断幼体与所需的营养来源的获取渠道，但在这个哺乳动物小小的卵中，并不包含这种营养物质。

---

① 冯·贝尔，博物学家、地质学家和地理学家，现代胚胎学奠基人之一。他不仅在动物胚胎发育过程中发现了囊胚阶段和脊索，还于1826年发现了哺乳动物的卵，并于次年成为第一个观察到人类卵细胞的人。此外，他相信进化论，但是他拒绝了达尔文的自然选择学说，并秉持定向进化论的观点，认为进化是由自然界中的目的论力量引导、由生物依靠自身能力，按照一定步骤，向一定方向进行。

② 拉特克，德国胚胎学家和解剖学家，现代胚胎学的奠基人之一。

③ 赖歇特，德国解剖学家和胚胎学家，是冯·贝尔的学生。

④ 比朔夫，德国医生和生物学家。他在胚胎学上最重要的贡献是撰写了一系列哺乳动物的卵的发育的专题论文。

⑤ 雷马克，德国胚胎学家、生理学家和神经学家。他最著名的成就是将冯·贝尔提出的四个胚层减少到三个——外胚层，中胚层和内胚层。

事实上，狗的卵是一个小的球状囊泡（图 7.3），由一种叫作“卵黄膜”的透明薄膜所构成，直径约为 1/130~1/120 英寸。它包含大量的黏性营养物质——“卵黄”，卵黄中还包含着第二个更加纤小的球状的囊，它被称为“胚泡”（图 7.3）。最后，在胚泡里有一个更加坚固的圆形物体，它被称为“胚斑”（图 7.3）。

卵最初是在一个腺体中形成的。在适当的时期，卵会从该腺体中分离出来，并进入一个生活腔中，在漫长的妊娠过程中，这个生活腔会为卵提供保护和生命维持。在这里，当受到必要条件的影响时，这一微小的、看起来不那么重要的生命物质微粒，就会被一种新的神秘活力激活。胚泡和胚斑将变得难以辨认（它们的确切命运是胚胎学中尚未解决的问题之一），不过卵黄上会沿着一个圆周凹陷，就像是周围被看不见的刀子划了一周一样，并就这样分成了两个半球（图 7.3，C）。

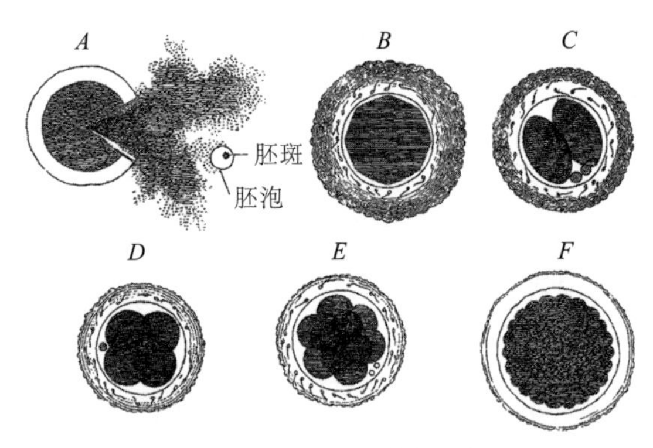

图 7.3 狗的卵细胞的变化示意图

其中，卵黄膜破裂，从而使卵黄、胚泡和的内含胚斑有了出口。B、C、D、E、F 是文中提到的卵黄的连续变化（根据比朔夫）。

通过在不同平面上重复这一过程，这些半球被细分成4个部分（图7.3，D）；然后，它们以同样的方式分裂和再分裂，直到整个卵黄都变成一团小颗粒，每个颗粒都由微小的卵黄物质球体组成，它们围绕着一个中心颗粒，也就是所谓的“核”（图7.3，F）。大自然通过这一过程，得到了与人类工匠在砖厂里劳动大致相同的结果——她将卵黄中未经加工的可塑物质，分解成形状合适、大小还算均匀的众多小团，以便筑成生命大厦中的任何部分。

接下来，大量的有机“砖块”，或者严格地说是“细胞”，就这样形成了。它们获得了一种有序的排列，变成了有着双层壁的空心球体。然后，这个球体的一侧会出现增厚过程，渐渐地，在增厚的中心处，一条直线形的浅沟（图7.4，A）标明了即将建筑起来的生命大厦的中心线，或者说是未来狗的身体的中心线的位置。接下来，围绕着沟两侧的物质会立起，形成褶皱。这就是那个长长的腔室的侧壁的雏形，并最终会容纳脊髓和脑。在腔室的底部出现了一条坚实的细胞索，即所谓的“脊索”。封闭腔体的一端会膨胀，形成头部（图7.4，B），另一端会保持狭窄，最终变成尾部。沟的侧壁向下延长，形成未来躯体两侧的壁；渐渐地，它们会长出小芽，并逐渐呈现出四肢的形状。在观察这一个又一个塑形阶段的时候，人们会不由自主地想起为黏土雕塑家，最初，每一个部分、每一个器官，都好像是被粗糙地捏出来、勾勒出来的；然后它会被塑造成更加准确的形状，并在最后被修改润色出最终的特点。

因此，最终，狗的幼体会呈现出图7.4中C的形状。

在这种情况下，幼犬的头部会大得不成比例，而且，它小芽状的四肢不像是狗的腿一样，它的头部也不像是狗的头。

尚未用于幼体的营养供给与生长的卵黄剩余部分，被包裹在一个附着于肠的雏形的囊中，它被称为卵黄囊，或者“脐囊”。两个膜状的囊袋从皮肤以及身体的下表面和后表面生长出来，分别用于为年幼的生物提供保护和营养。前者，即所谓的“羊膜”，是一个充满液体的囊袋，包裹着胚胎的整个身体，发挥着一种胚胎的水床的作用；另一个囊袋被称为“尿囊”，从胚胎的腹部生长出来，负载着血管，并最终附着在包含着发育中的生物体的腔体的腔壁上，从而使这些血管成为亲代供给子代所需的营养流的通道。

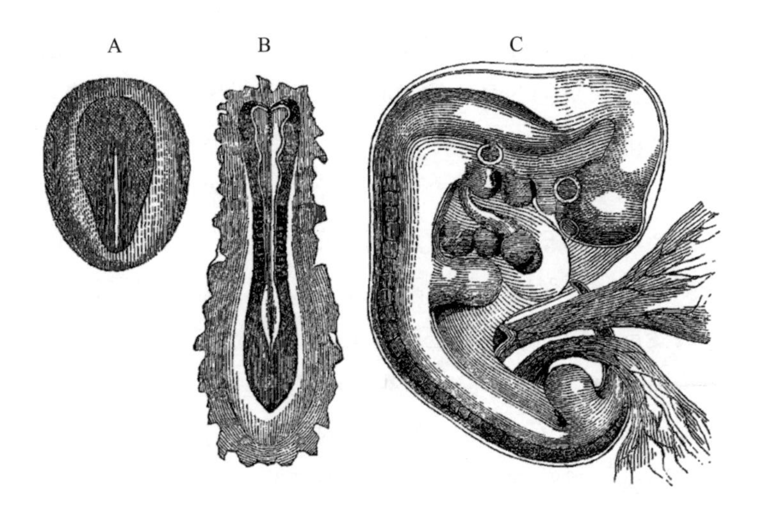

图 7.4 狗的胚胎发育初期示意图

A. 狗胚胎的雏形；B. 雏形进一步发展，显示出头部、尾部和脊柱的雏形；C. 狗的初期幼体，与卵黄囊和尿囊的末端相连，并被包裹在羊膜里。其中，卵黄膜破裂，从而使卵黄、胚泡及内含的胚斑有了出口。

这种子代的血管与亲代的血管交织形成的结构，被称为“胎盘”。通过它，子代能够获取营养，并排出无用的物质。

对于我目前的目的而言，进一步追踪发育的过程是冗长且没有必要的。我只要说下面这句话就足够了——经过长期而渐进的一系列变化，在这里描绘的雏形变成了一条小狗。它出生了，然后经过一系列依旧缓慢且更不易察觉的步骤，变成了一条成年的狗。

谷仓门口的鸡和保护农场的狗之间在表面上并没有什么相似之处。然而，研究发育的人会发现，不仅在所有重要方面上，小鸡始于卵这一点与狗相同，而且，鸡蛋的卵黄所经历的分裂过程——原沟的产生，以及胚胎各部分形成小鸡的以极其相似的方式——在某个阶段中，也像是萌芽状态中的狗一样，一般的检查几乎无法对两者做出区分。

其他所有脊椎动物——蜥蜴、蛇、青蛙和鱼的发育史，都讲述了同样的故事。首先，它们都始于一个与狗的卵基本结构相同的卵——它卵黄总是会进行分裂，或者通常所说的“细胞分裂”[①]；细胞分裂的最终产物构成了幼体的建筑材料。而幼体是围绕着一条原沟建筑起来的，这条原沟的底部发育成了一条脊索。此外，在一段时期中，所有这些动物幼体，不仅在外在形态上，而且在所有结构要素上是相似的。它们是如此相近，以至于它们之间的区别是微不足道的。但是，在随后的发育过程中，它们彼此之间的区

① 在今天的发育生物学中，我们一般把这种受精卵高速分裂的时期称为卵裂。

别会变得越来越大。一条普遍的法则是，在成年之后结构越相似的动物，它们胚胎相似的时间段会越长，相似程度也会越高。例如，一条蛇和一只蜥蜴的胚胎保持相似的时间段，要比一条蛇和一只鸟的胚胎保持相似的时间段要长；一条狗和一只猫的胚胎保持相似的时间段，要比一条狗和一只鸟（或者一只负鼠）的胚胎保持相似的时间段长得多，并比一条狗和一只猴子的胚胎相似的时间段长得更多。

因此，对发育的研究提供了一种检验结构上亲缘关系紧密程度的清晰方法，人们也急切地想知道人类发育的研究产出了什么成果。人类有什么与众不同的地方吗？难道他的起源与狗、鸟、青蛙和鱼完全不同，从而证明那些断言说“人类不属于自然界，与较低等的动物世界没有亲缘关系”的人是正确的吗？还是说他起源于一种类似的胚胎，经过同样缓慢而渐进的变化，依靠同样的装置来获取保护和营养，并最终借助同样的机制来到这个世界？问题的答案现在是毋庸置疑的，在最近30年中也一直是毋庸置疑的。毫无疑问，人类的起源方式和早期发育阶段与在级别上低一等的动物是相同的；毫无疑问，在这些方面，人类与猿类的相近程度，比猿类与狗的相近程度要近得多。

人类的卵的直径约为1/125英寸。它可以用与狗相同的术语来进行描述，所以我在此只需要参考其结构图示（图7.5，A）。人的卵以相似的方式离开形成它的器官，并以同样的方式进入准备接受它的腔体，其发育条件在各个方面也都是相同的。目前我们还没有可能（而且只有极少数机会可能）研究像卵黄分裂这么早期的发育阶段中的人类的卵；但是，我们完全有理由得出这样的结论：它所经历的变化与其他脊椎动物的卵所显示的变化是相同的，因为在我们观察到的最初的阶段中，组成人类身体雏形的物质与其他动物是相同的。部分初期阶段如图 7.5 所示，我们将看到，它们与狗的早期阶段是完全类似的。通过简单地将其与图 7.4 进行比较，我们可以看出，即使发育了一段时间，两者之间惊人的对应关系也会得以保持。

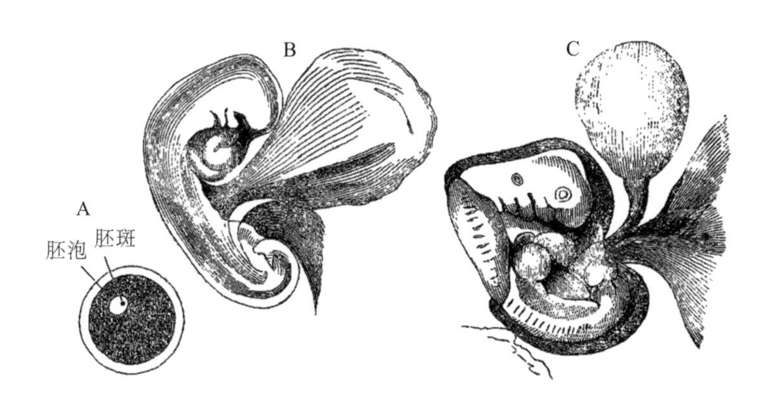

图 7.5 人类卵细胞及其发育初期示意图

A. 人类的卵细胞（根据科立克[①]）；B. 一种人类初期的状态，有卵黄囊、尿囊和羊膜（原图中）；C. 一个更高级的阶段（根据科立克），可与图 7.4，C 对比。

① 科立克，瑞士解剖学家和生理学家。早年他研究了无脊椎动物的发育，后来他将研究对象转向脊椎动物，尤其是两栖动物和哺乳动物的胚胎。他 1861 年的《发育讲座》一出版旋即成为当时的权威性著作。

事实上，在发育了很长一段时间后，我们才能将人类幼体和狗的幼体区分开来。但在相当初期的发育阶段，我们可以根据其附属的卵黄囊和尿囊的形态差别来区别二者。卵黄囊在狗身上是细长的纺锤形，但在人类身上则保持着球形。尿囊在狗身上会变得非常大，其中发育出来的、最终会形成胎盘（它扎根于亲代的生物体并从中获取营养，就像树木的根须从土地中获取营养一样）的血管位于一个环形的区域里；而在人类中，尿囊相对较小，其血管的细支最终被限制在一个盘状的地方。因此，狗的胎盘像腰带，而人类的胎盘正如其名，呈现出蛋糕的形状[①]。

但是，人类与猿类相似之处，恰恰位于发育中的人类与狗的这些不同之处当中。猿类和人一样，也有球状的卵黄囊和盘状的、有时部分分裂的胎盘。

因此，只有在确确实实的发育的后期，人类幼体才和猿类幼体有着明显的区别。后者在发育过程中与狗的区别，和人类与狗的区别一样大。

我最后要下的论断，虽然听起来令人震惊，但是却是千真万确的：在我自己看来，人类与动物界的其他动物在结构上的一致性是毫无疑问的；尤其是在猿类身上，这种一致性会更特别、更紧密。

因此，在其起源的物理过程、其形成的初期阶段、出生前生后获取营养的方式等方面，人类与比他们低一等的动物是一致的。如果把成年人类发育成熟的构造与动物们

---

① 胎盘原词“placeta”的拉丁语原意是扁平的蛋糕。

相比，可以预见的是：它们会在结构上体现出一种惊人的相似性。人类与动物们相似，就像他与另一个人彼此相似；人类与动物们不同，就像他与另一个人彼此不同。这些异同虽然不能被测量和称重，但是我们很容易就能估计出它们的价值。现在动物学家中通行的动物分类系统提供且表述了判断这些异同的尺度和标准，它会影响到这一价值。

事实上，通过仔细研究动物表现出来的异同，博物学家们能够将它们分类组合成类群，其所有成员都能显示出一定数量的、可确定的相似点。相似点越少，类群的范围就越大，反之亦然。因此，组成了动物界这个“界”的所有动物，只在很少的几个动物性特征上是一致的。许多动物只在拥有脊椎这一特征上是一致的，它们构成了这个动物界的“亚界”[①]；接着，脊椎动物亚界又可细分为五个纲，即鱼类、两栖类、爬行类、鸟类和哺乳类；这些类群又可以细分为更小的类群，称为“目”，目又被分为“科”，科又被分为“属”；后者最终被分解为最小的类群，它们可以通过其拥有的不变的、非性别的特征来区分。这一最终的类群就是种。

对于这些大大小小的类群的界限和特征，整个动物学界正在逐年趋向一种一致的观点。例如，对于哺乳纲、鸟纲和爬行纲的特征，目前没有人有什么疑虑，也没有出现过某种非常为人熟知的动物应该被归为哪一纲的问题。同样地，对于哺乳纲下各目的特征和界限，以及一个动物在

---

① 在现代分类系统中一般被称为门，此处赫胥黎所指的类别，在现代分类系统中一般被称为脊索动物门，尤其是其下的脊椎动物亚门。

结构上应当处于哪一目，人们有着非常普遍的共识。

举例来说，没有人会怀疑树懒与食蚁兽、袋鼠和负鼠、老虎和獾、貘和犀牛分别属于同一目。在四肢的比例和结构，胸椎和腰椎的数目，身体结构对攀爬、跳跃或奔跑的适应，牙齿的数目和形状，它们头骨及其中的脑部的特征等方面，这几对动物可能在彼此之间有着巨大的区别。但是，尽管有这么多的不同之处，它们在结构中更重要、更基本的特征上是紧密相连的，而这些特征又是如此明显地把它们同其他动物区分开来，以至于动物学家都觉得有必要将它们作为同一个目的成员组成一个类群。如果人们发现了任何新的动物，并且举例说，我们发现它所表现出的与袋鼠和负鼠的差异，并不大于袋鼠和负鼠之间的差异，那么动物学家不仅在逻辑上一定要把它列在与它们相同的目里，而且他也根本不会考虑别的做法。

在记住这一简单的动物学推理过程后，让思考着的我们花一些时间，努力摘下人类的面具。只要您愿意，我们可以想象自己是土星上的科学家。我们已经对地球上居住的动物非常熟悉，并忙着讨论这些动物与一种新的、奇特的“直立且没有羽毛的二足动物”之间的关系。这种动物是由一些很有胆量的星际旅行者完好保存在朗姆酒桶里，克服了太空和引力的困难，从那颗遥远的星球给我们带回来的。我们立刻就会全体同意把他们归为哺乳类脊椎动物，他们的下颌、臼齿和脑，使我们毫不怀疑他们在哺乳动物或者所谓“胎盘哺乳动物”中的位置——他们的幼体在妊娠期间是通过胎盘获取营养的。

此外，即便是最肤浅的研究也会立刻说服我们，在胎盘哺乳动物的诸多目中，无论是鲸还是有蹄动物，无论是树懒还是食蚁兽，无论是猫、狗、熊这些食肉动物，还是老鼠、兔子这些啮齿动物和鼹鼠、刺猬、蝙蝠这些食虫动物，都不会认为我们“人属”是它们中的一员。

这样一来，我们还剩下一个目——猿类[①]（我们在最宽泛的意义上使用这个词）的目需要进行比较，我们要讨论的这个问题也会把自身限制在这个目上。人与这些猿类之间是否具有极大的差异，以至于人必须自己组成一个目？或者说，他们与猿类之间的差异是否比人类彼此间的差异小，以至于他们必须位于和猿类相同的目中？

幸运的是，由于我们可以摆脱这一即将进行的研究的结论中的一切或真实或虚构的个人利益纠葛，我们应当就像是探究一种新发现的负鼠一样，以一种公正冷静的态度来权衡正反两方的论据。我们应当尽力弄清这一新的哺乳动物与猿类之间的全部区别，而不是去放大或者缩小它们。如果我们发现这种区别的结构性价值，比某些猿目成员与其他公认是猿目成员的生物之间的区别的结构性价值要小，那我们无疑要把这一地球上新发现的属与它们放在一起。

现在，我要详细介绍一些事实；在我看来，这些事实让我们别无选择，只能采取刚刚提到的办法。

①“猿”一词在英语中有两种不同的含义。最初，它指任何非人类的、类人的灵长类动物。后来，在“猴子”一词被引入英语后，“猿”也获得了专门指称一种无尾（并因此特别像人）灵长类动物的用法。本文中的“猿”指更为宽泛的前一种含义。

可以肯定的是，在总体结构上，最接近人类的猿类不是黑猩猩就是大猩猩（图 7.6）。

出于我现在的论证目的，不论我选择其中哪一个，一边与人类比较，一边与其他灵长类动物比较[①]，结果都没有实际差异。因此，我将选择后者（就它的已知的结构而言）。大猩猩是在散文和诗歌中赫赫有名的野兽，所有人都一定有所耳闻，并对它的外形有了一些想象。我将在可支配空间允许我的讨论范围内，尽可能多地讨论人类与这种奇特生物之间是最重要的差异，以及这一论点所需要的必要条件；我还将把这些差异和那些使大猩猩区别于该目之下的别的动物的差异并列比较，探究它们的价值和重要性的大小。

我们一眼就能看出，在躯干和四肢的大致比例上，大猩猩与人类间存在显著的差异。大猩猩的脑壳要比人类的脑壳小，躯干要比人类的躯干大，下肢要比人类的下肢短，但上肢要比人类的上肢长。

我发现，在皇家外科医学会博物馆里的一只成年大猩猩的脊柱中，沿着它的前凸，从寰椎或第一颈椎的上缘开始，到骶骨的下端，长度为 27 英寸，不含手的臂长为 31.5 英寸，不含脚的腿长为 26.5 英寸，手长为 9.75 英寸，脚长为 11.25 英寸。

换句话说，假设脊柱的长度是 100，手臂长等于 115，腿长等于 96，手长等于 36，脚长等于 41。

---

① 我们目前还没有彻底了解大猩猩的脑部。因此，在讨论脑部特征时，我将黑猩猩的大脑特征作为我在猿类中使用的最高级的术语。——原注

图 7.6 大猩猩

本图为《赫胥黎文集》第七卷《关于人类在自然界中位置的证据》的第一章《类人猿的自然史》的插图。

在同一藏品中的男性布须曼人（图 7.7）骨架中，假如我们按照同样的测量方式，设脊柱长度为 100，那么他的身体比例如下：手臂长为 78，腿长为 110，手长为 26，而脚长为 32。在同一个种族的女性骨架中，手臂长为 83，腿长为 120，手长和脚长不变。而在一副欧洲人的骨架中，我发现他的手臂长为 80，腿长为 117，手长为 26，而脚长为 35。

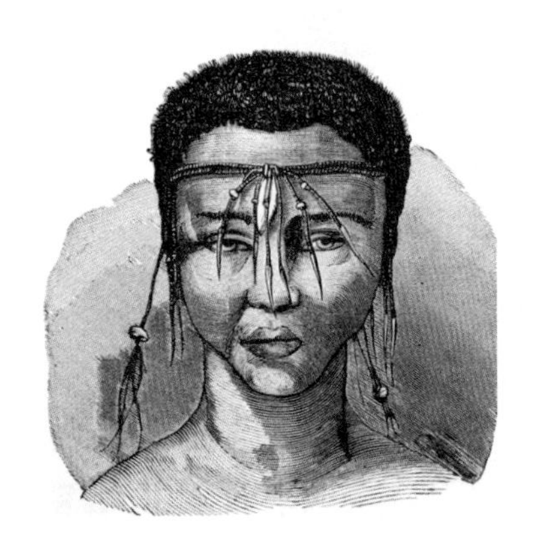

图 7.7 布须曼人

“布须曼”这个词源于荷兰语，意为“丛林人”。这是一种歧视性的称呼，今天一般称其为萨恩人（亦作桑人）。他们是生活于南非、博茨瓦纳、纳米比亚和安哥拉的一个以狩猎采集为生的原住民族。遗传学上研究显示，该民族可能是世界上现存最古老的人类民族之一。

因此，就大猩猩和人类的腿与脊柱的比例而言，他们腿的差别并没有第一眼看上去那么大——大猩猩的腿比它的脊柱稍短，而人类的腿比脊柱长 1/10 到 1/5。大猩猩的脚比人类的脚长，手要比人类的手长得多。不过，大猩猩与人类之间最大的差异在手臂上——大猩猩的手臂要比脊柱长得多，而人类的手臂要比脊柱短得多。

现在一个问题出现了——在这些方面，其他的猿类和大猩猩有什么联系呢？如果我们以相同的测量方式，设脊柱长度为100，那么在成年黑猩猩身上，手臂长只有96，腿长只有90，手长为43，脚长度为39。因此，黑猩猩的手和腿的比例与人类差别更大，手臂的比例与人类差别更小，但脚的比例与大猩猩大致相同。

对猩猩（图7.8）而言，在各部位与脊柱的比例中，它的手臂要比大猩猩的手臂长得多（122），腿比大猩猩的腿要短（88）；它的脚比手长（52和48），且脚和手都要比大猩猩的脚和手长得多。

图7.8 一只成年雄性猩猩

本图为《赫胥黎文集》第七卷《关于人类在自然界中位置的证据》的第一章《类人猿的自然史》的插图。

在另一种类人猿——长臂猿（图 7.9）身上，这些比例还会出现进一步的变化。长臂猿的手臂长与脊柱长之比为 19:11。它的腿也比脊柱长 1/3，因此要比人类的腿更长，而不是更短。它的手长是脊柱长的一半，且脚长比手长要短一些，大约是脊柱长度的 5/11。

因此，长臂猿的手臂长于大猩猩，就像是大猩猩的手臂长于人类一样；另一方面，它的腿远长于人类，就像人类的腿长于大猩猩一样。因此，长臂猿的四肢与平均长度的偏差是最大的。

图 7.9 长臂猿

本图为《赫胥黎文集》第七卷《关于人类在自然界中位置的证据》的第一章《类人猿的自然史》的插图。

山魈（图 7.10）呈现出一种中间状态，它的手臂和腿几乎等长，且都比脊柱要短。手和脚之间的比例以及它们对于脊椎的比例都几乎与人类相同。

蜘蛛猴的腿比脊柱要长，手臂比腿要长。最后，在一种特殊的狐猴——大狐猴身上，腿脊柱大致等长，而手臂长不超过脊柱长的 11/18，手长小于脊柱长的 1/3，而脚长大于脊柱长的 1/3。

这样的例子可能还有很多，但是上述例子已经足以表明，无论大猩猩的四肢比例与人类的比例有多么不同，其他猿类与大猩猩的差异还会更大。因此，这种比例差异可能没有划分目的价值。

图 7.10 威廉·史密斯所绘的山魈的摹本

本图为《赫胥黎文集》第七卷《关于人类在自然界中位置的证据》的第一章《类人猿的自然史》的插图。

接下来，我们来思考由脊柱和与之相连的肋骨和骨盆组成的躯干，在人类和大猩猩身上表现出的区别。

在人类身上，部分由于椎骨的关节面位置、但主要由于将这些椎骨连接在一起的纤维带或韧带的弹性张力，脊柱整体上呈现一个优雅的S形弯曲，在颈部前凸，在胸部后凹，在腰部或者腰椎处前凸，在骶椎处再次后凹。这种排列方式使整个脊椎有着很大的弹性，减小了直立运动中传导到脊柱的震动以及通过脊柱传导到头部的震动。

此外，在一般情况下，人的颈部有7块椎骨，被称为“颈椎”。随之是12块椎骨，它们支撑着肋骨，组成了躯干上部，因此被称为“胸椎”。腰部有5块椎骨，它们并没有支撑着单独的游离的肋骨，被称为“腰椎”。接下来5块椎骨连接在一起，形成一块正面有空洞[①]的巨大骨骼，牢固地楔入髋骨之间，形成了骨盆的背部，被称为“骶椎”；最后，3~4块或多或少可移动的、小到几乎可以忽略不计的骨骼，构成了一个尾巴的雏形——“尾椎”。

大猩猩的脊柱同样分为颈椎、胸椎、腰椎、骶椎和尾椎五个部分，颈椎和胸椎相加的总数与人类的相同。但是，大猩猩的一对肋骨长到了第一腰椎上，这种现象在人类当中是异常的，但在大猩猩中却是通例。由于腰椎和胸椎的区别仅仅在于是否拥有游离的肋骨，因此大猩猩的17块“胸椎—腰椎”被分成13块胸椎和4块腰椎，而人类有12块胸椎和5块腰椎。

① 即闭孔。

然而，不仅人类有时会拥有 13 对肋骨[①]，大猩猩有时也会拥有 14 对肋骨；而皇家外科医学会博物馆里一具猩猩骨架和人类一样，拥有 12 块胸椎和 5 块腰椎。居维叶在长臂猿身上也发现了相同的数目。另一方面，在低等猿类中，许多猿类拥有 12 块胸椎和 6 到 7 块腰椎，夜猴则有 14 块胸椎和 8 块腰椎，而一种叫做懒猴的狐猴则拥有 15 块胸椎和 9 块腰椎。

整体而言，大猩猩的脊柱与人类的不同之处，在于它的脊柱弯曲没那么明显，尤其是其腰部的前凸程度较小。尽管如此，这些弯曲还是存在的，这在幼年大猩猩和黑猩猩的没有去除韧带的骨骼标本上尤为明显。另一方面，在以类似方式制成的幼年猩猩骨骼标本中，整个腰部的脊柱是直的，甚至是前凹的。

不论我们接下来是从这些特征出发，还是从那些由颈椎占脊椎的长度比例推导出的类似的细微特征出发，人类和大猩猩之间的明显区别都是毋庸置疑的；但是，在这同一个目中，在大猩猩和低等猿类之间，同样明显的差异却非常少。

---

① 彼得・坎珀说："我不止一次见过人类有超过 6 块腰椎……有一次，我发现了 13 对肋骨和 4 块腰椎。"法罗皮奥曾提到有人有 13 对肋骨，却只有 4 块腰椎；而埃乌斯塔基奥曾经发现 11 块胸椎和 6 块腰椎的情况。——《彼得・坎珀全集》，第一卷，第 42 页）。泰森说，他研究的俾格米人（图 7.11）有 13 对肋骨和 5 块腰椎。猿类的脊柱曲线问题需要进行进一步的研究。——原注

图 7.11 泰森所绘的俾格米人的缩小版

本图为《赫胥黎文集》第七卷《关于人类在自然界中位置的证据》的第一章《类人猿的自然史》的插图。

人类的骨盆（图 7.12），或者说臀部的骨带，是人类结构中拥有显著人类特征的部分。在人类习惯性的直立姿势中，宽大的髋骨会为他的内脏提供支撑，并为他巨大肌肉的附着提供空间。这使他呈现并保持着这种直立姿势。在这些方面上，大猩猩的骨盆（图 7.12）与人类的骨盆差异巨大。但是，即便从不低等于长臂猿的动物开始，我们也可以看到，在这一构造上，长臂猿（图 7.12）与大猩猩的差异会比大猩猩与人类的差异要大得多。诸位可以看看长臂猿那扁平狭窄的髋骨、长而窄的通道，还有长臂猿惯常倚靠着的粗糙的向外弯曲的坐骨突起，上面还覆盖着叫做“老茧”的致密皮块，这些特征在大猩猩、黑猩猩、猩猩和人类身上，都是完全没有的。

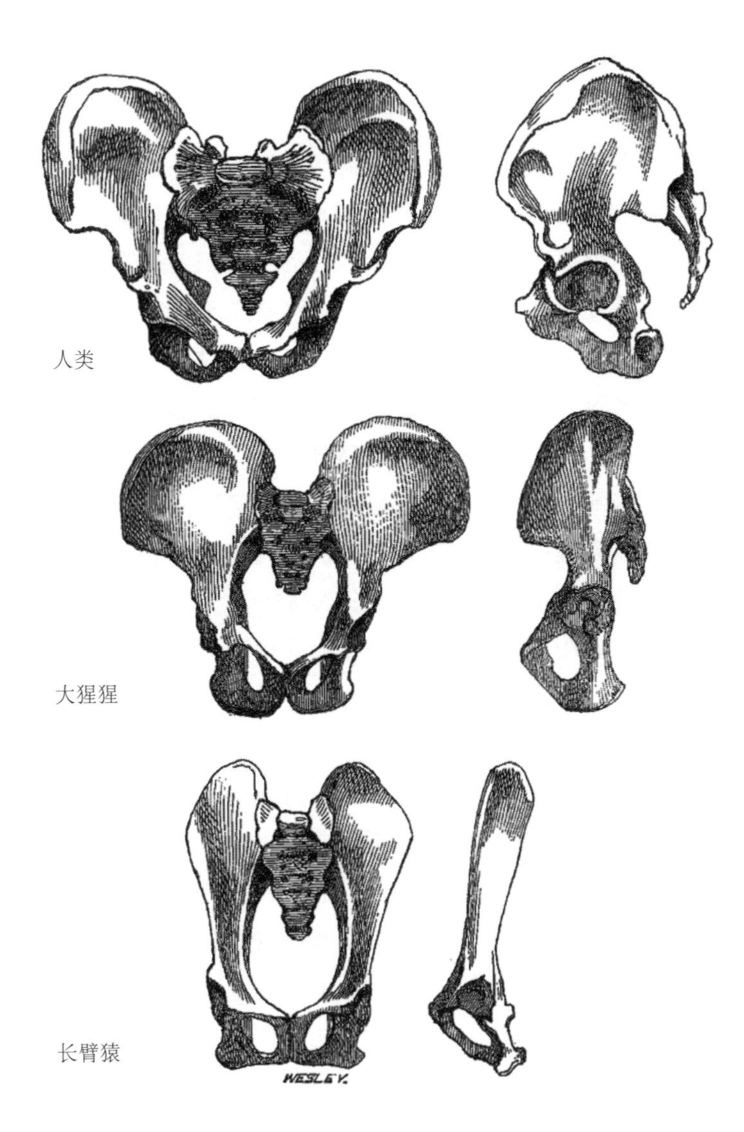

图 7.12 人类、a 的正视图和侧视图

缩小自瓦特豪斯·霍金斯依照自然尺寸的绘图，但绝对长度相同。

在更低等的猴子和狐猴中，这种差异会变得更加明显，它们的骨盆拥有完全的四足动物特征。

但现在让我们转向一种更高级、更有特色的器官，它使得人类的结构似乎且确实地与其他所有动物有着巨大的差异。这个器官就是头骨。大猩猩的头骨和人类的头骨之间的差异是巨大的（图 7.13）。对大猩猩而言，它们的面部大部分是由巨大的颌骨构成，并完全超过了脑壳（也就是头骨）的尺寸。而对人类而言，两者的比例颠倒过来了。在人体中，在头骨底部中央的后部有一个枕骨大孔，其内有连接脑部和身体各神经的巨大神经索穿过，这会使得头骨在直立姿势中保持十分均衡；而在大猩猩身上，枕骨大孔位于头骨底部的后 1/3 处。在人体中，头骨的表面相对平滑，眉嵴几乎没有突出；而在大猩猩身上，头骨上会发育出巨大的嵴，突出的眉嵴悬挂在深陷的眼眶之上，就像是巨大的顶棚。

然而，头骨的剖面显示，大猩猩头骨上的一些明显缺陷，与其说是由脑壳的缺陷引起，不如说是由面部各部分的过度发育引起的。它的颅腔并不是畸形的，前额并不是真的扁平或是向后退缩，其原本形状完好的曲线只是被组成颅腔的大块骨骼遮住了（图 7.13）而已。

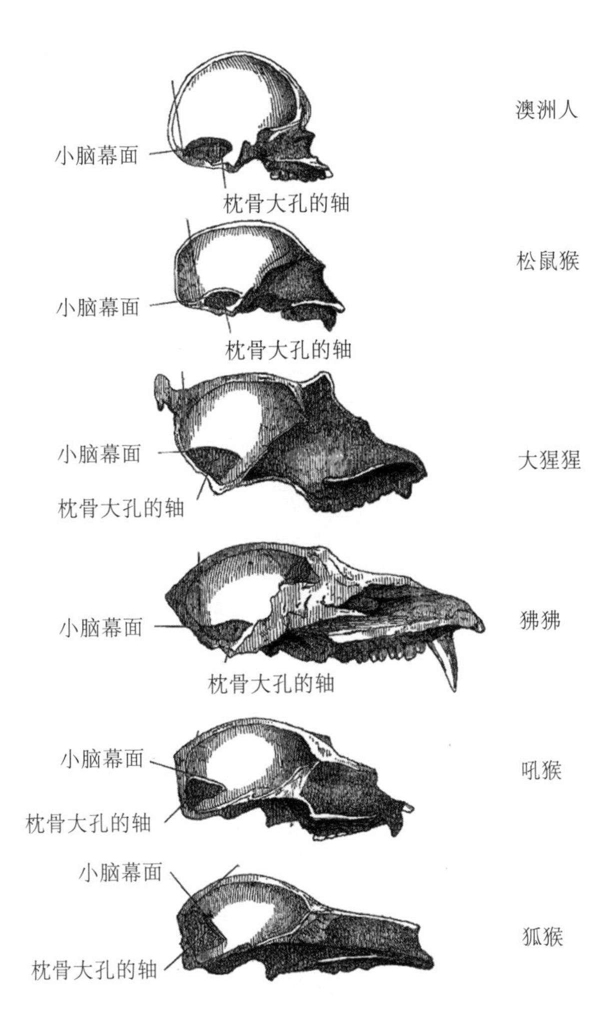

图 7.13 人类和各种猿类的头骨的剖面图

本图中，假设每种动物的脑室长度相同，从而显示出不同的面部骨骼比例。小脑幕面将大脑和小脑分开。在小脑幕后部的附着点上，作一条垂直于小脑幕的向上的直线，这条直线后侧的脑室范围表示了大脑覆盖小脑（小脑所占空间用阴影粗略表示）的程度。在对比这些图时，我们必须记住，这些图的比例很小，只能简单地例证本文中的主张，但这些主张的证据还是要到它们的实物中寻找。

但是，大猩猩眼眶的顶部以更加倾斜的角度向上伸入颅腔内，因此缩小了大脑前叶下部的空间，所以其头骨的绝对容量远远小于人类。据我所知，我们尚未发现一个容量少于62立方英寸的成年人的头骨。目前所有人种中观察到的最小头骨是由莫顿[①]发现的，其容量为63立方英寸。另一方面，即便是迄今为止我们测量到的最大的大猩猩头骨，它的容量也不超过34.5立方英寸。为了方便起见，我们假设人类最小头骨容量是大猩猩最大头骨容量的两倍[②]。

这毫无疑问是一个非常惊人的差异。但是，纵观其他

---

① 塞缪尔·乔治·莫顿，美国博物学家。他认为人类的颅骨大小决定其智力，并以颅骨测量学证据支持种族制度，将高加索人放在首位，非洲人放在末位。

② 有人坚称，印度人的头骨有时只能装下27盎司，即容积为46立方英寸的水。然而，我上文中假设的最小容量，是基于瓦格纳教授（图2.3）在他《人脑科学形态学和生理学的初步研究》中发表的重要数据。瓦格纳教授对900多个人的脑进行了仔细称重，结果发现一半的脑重量在1200至1400克之间，约2/9的脑（包括了大部分的男人的脑）重量超过1400克。在瓦格纳记录的智力健全的成年男人的脑中，最轻的重量是1020克。1克等于15.4格令，1立方英寸的水重252.4格令，所以1020克相当于62立方英寸的水。这样一来，由于脑比水重，所以将印度人的例子缩小成所有成年男人的最小脑容量是一个错误，我们反对这一错误是完全有把握的。唯一一个只有970克重的成年男人的脑，来自一位有着智力障碍的男人。但是，一个成年女人的脑，尽管内部功能健全，但只有907克重（55.3立方英寸的水）尽管功能健全；里德给出的成年女性的脑容量还要更小。然而，最重的脑（1872克，约115立方英寸）来自一位女人；紧随其后的是居维叶（1861克）、拜伦（1807克）和一位精神病患者（1783克）的脑。成年人类脑部的最轻纪录（720克），来自一位有着智力障碍的女人。五位四岁儿童的脑，重量在992~1275克不等。所以，我们可以有把握地说，一位四岁的普通欧洲儿童的脑是一个成年大猩猩的两倍大。——原注

一些关于颅腔容量的、同样不容置疑的事实，这个差异在分类系统中的价值就会失色不少。

首先，不同人种间的颅腔容量的差异，在绝对数值方面，要比最小的人类颅腔和最大的猿类颅腔之间的差异要大得多。但是，在相对数值方面，它们几乎相同。根据莫顿的测量，人类最大头骨容量为 114 立方英寸，也就是说几乎是人类最小头骨容量的两倍，前者超出后者的绝对数值——52 立方英寸，远远大于成年男人最小头骨容量超过大猩猩最大头骨容量的绝对数值（62-34.5=27.5）。其次，在至今已被测量过的成年大猩猩之间，它们头骨的大小差异接近 1/3，最大容量为 34.5 立方英寸，最小容量为 24 立方英寸。再次，在充分考虑大小差异后，一些低等猿类的头骨容量低于高等猿类的头骨容量的相对值，与后者低于人类头骨容量的相对值相当。

因此，即使是在头骨容量这一重要问题上，人类彼此之间的差异也要比他们与猿类之间的差异大得多。同时，最低等和最高等的猿类之间的差异，在比例上与最高等的猿类和人类之间的差异相同。如果需要更好地说明后一个论点，我们可以研究类人猿系列中头骨其他部分所经历的变化。

正是因为大猩猩的较大的面部骨骼比例和较为突出的下颌，它们的头骨有着更小的面角和更少的野兽特征[①]。

① 在颅测量法中，面角是鼻根（或鼻棘、鼻底）与上齿槽中点的连线与耳眼平面形成的角，用来表示颌部前突程度。赫胥黎的这种讲法带有一定的种族歧视意味，因为尼格罗人种多突颌，其面角大多大于 90 度。

但是，如果我们只考虑面部骨骼相对于头骨的比例大小，那么，人类与大猩猩之间的差别就会十分巨大，就连小小的松鼠猴（图 7.13）与大猩猩之间都差别巨大；同时，狒狒（图 7.13）加大了大型类人猿口鼻部的整体比例，因此与松鼠猴和大猩猩相比，它的容貌看起来非常温和，且更像人类。大猩猩与狒狒之间的区别比乍一眼看上去还要更大，因为前者硕大的面部规模主要是来自其向下发育的颌部，这是人类的一个基本特征；而狒狒的下颌在这种人类特征的基础上又加上了一种野兽的基本特征——颌部几乎完全向前发育。这一点在狐猴（图 7.13）身上更加明显。

同样地，吼猴的枕骨大孔（图 7.13）完全位于头骨的后侧面，而狐猴的枕骨大孔还要位于头骨的更后侧。它们比大猩猩的枕骨大孔位置更加靠后，就像大猩猩的枕骨大孔比人类的位置更加靠后一样。然而，就像是为了表明把任何普遍的分类标准建立在这样一个特征上的努力完全是徒劳的一样，与吼猴所属同一类群的阔鼻猴或美洲猴，也包含着松鼠猴，它们拥有比任何猿类都要大幅靠前的枕骨大孔，其位置快要接近人类枕骨大孔的位置。

同样地，猩猩的头骨和人类的头骨一样，没有发育过度的眉嵴，尽管它们中有些品种会在头骨其他位置拥有巨大的嵴。一些卷尾猴和松鼠猴的头骨，就像是人类的头骨一样光滑、圆润。

我们可以想象，对于这些头骨的主要特征的真实情况，也适用于这些头骨的所有次要特征。因此，对于大猩猩头骨和人类头骨之间的每一个恒定差异而言，我们都可以在大猩猩的头骨与同一目中其他猿类的头骨之间发现相似的恒定差异（也就是说同一性质的过度或不足）。因此，就头骨而言，和一般的骨骼一样，下面这一论点是成立的——人类与大猩猩之间的差异值，比大猩猩与其他一些猿类之间的差异值要小。

与头骨相关，我可能会讲到牙齿这种具有独特分类价值的器官。如果我们整体考虑它们在数量、形态以及顺序上的异同，这个整体通常被认为是比任何其他器官更可靠的亲缘性指标。

人类拥有两套牙齿——乳齿和恒齿。前者在上下颌中各包括 4 颗门齿（或切齿）、2 颗犬齿和 4 颗臼齿等共 20 颗牙齿，后者（图 7.14）在上下颌中各包括 4 颗门齿、2 颗犬齿、4 颗小臼齿（称为前臼齿或假臼齿）和 6 颗大臼齿（称为真臼齿）等共 32 颗牙齿。在上颌中，内侧的一对门齿对比外侧的一对门齿要大；在下颌中，内侧的一对门齿比外侧的一对门齿要小。上颌臼齿的齿冠共有 4 个齿尖（或钝尖的隆起），并且有一条嵴从内前侧的齿尖倾斜地穿过齿冠，到达外后侧的齿尖（图 7.14，图右）。下颌前臼齿有 5 个尖，其中 3 个在外侧，2 个在内侧。前臼齿有 2 个尖，其中 1 个在内侧，2 个在外侧，后者较高。

在上述所有方面，大猩猩的齿系都可以用与人类相同的术语描述；但在其他方面，大猩猩的齿系却表现出了许多重要的差别（图 7.14）。

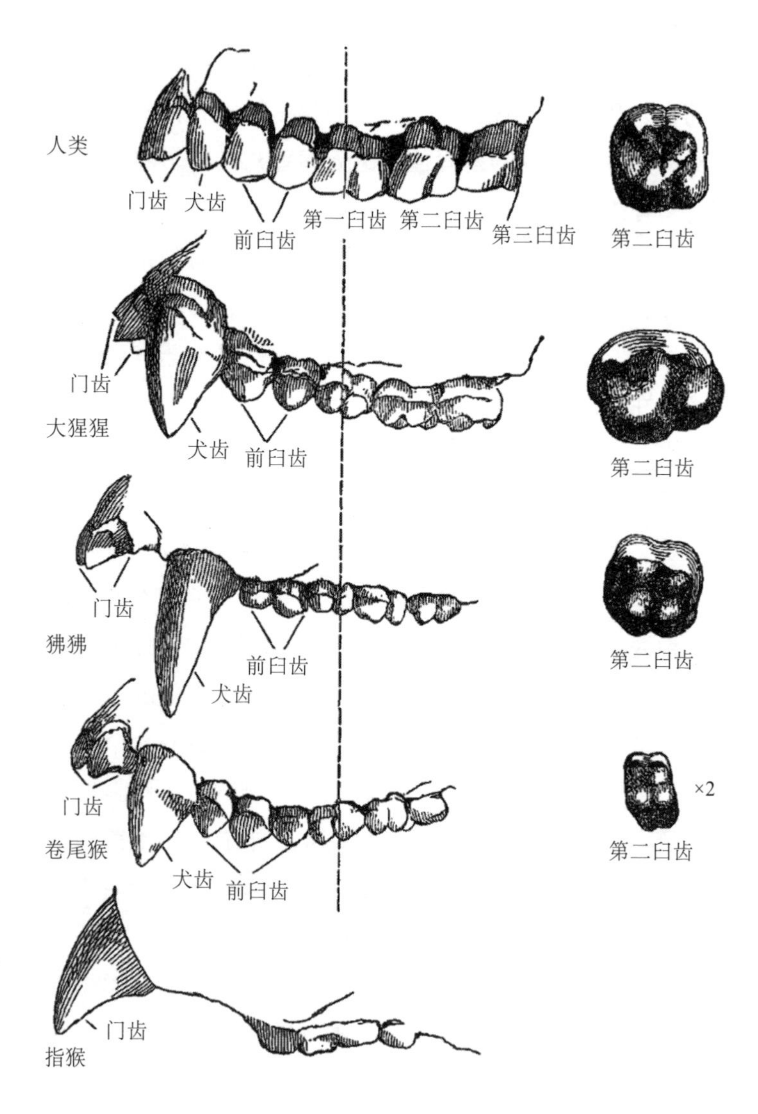

图 7.14 各灵长类动物上颌骨的侧视图（左）及其第二臼齿的研磨面（右）

左图中，一条虚线穿过人类、大猩猩、狒狒、卷尾猴的第一臼齿。右图中，第二臼齿研磨面的前内角都刚好在“二”字的上方。

人的牙齿就这样组成了一个有规律的整齐序列——没有任何中断，也没有一颗牙齿显著突出于其他牙齿。居维叶很久之前就已经指出，除了一种他推测中的与人类完全不同的生物——早已灭绝的无防兽[①]之外，没有其他现存的哺乳动物拥有这一特征。相反，大猩猩的牙齿在上下颌中各有一个中断或间隔，这被称为“齿隙”：在上颌中，它位于犬齿前面，或者是犬齿与外侧门齿之间；在下颌中，它位于犬齿后面，或者是犬齿与前侧假臼齿之间。一个颌中的齿隙与另一颌中的犬齿吻合。大猩猩的犬齿非常之大，就像獠牙一样突出，并远远超过其他牙齿的一般高度。大猩猩的假臼齿的根部也比人类的复杂，其臼齿的比例大小也和人类的不同。大猩猩下颌的最后一颗臼齿的齿冠更为复杂，恒齿萌发的顺序也与人类不同——人类的恒犬齿在第二和第三臼齿之前就会出现，而在大猩猩身上，恒犬齿在第二和第三臼齿长出之后出现。

因此，尽管大猩猩的牙齿在数量、种类和齿冠的一般样式上类似于人类，但是在一些次要方面，如相对大小、齿根数量以及长出顺序上，都与人类有着明显的不同。

不过，如果我们将大猩猩的牙齿与猿类的牙齿，例如狒狒的牙齿相比较，就会发现我们很容易观察到同一目中的异同。但是，大猩猩与人类的许多相似之处正是它与狒狒的不同之处，且大猩猩与人类的许多不同之处会在狒狒身上更为不同。狒狒的牙齿数量和性质与大猩猩和人类一

---

① 无防兽是一种早已灭绝的偶蹄目哺乳动物，生活在始新世晚期到渐新世早期。其化石最初于法国巴黎发现，并由居维叶描述。

样，但是狒狒的上颌臼齿形状与我们上面的描述完全不同（图 7.14），其犬齿的比例也会更长，更具有刀的形状。其下颌中的前臼齿有了更加特殊的变化，而下颌的后臼齿要比大猩猩的更大，也更加复杂。

从旧大陆的猿类转到新大陆的猿类，我们会碰到一个比上述所有变化都要重要得多的变化。例如，在卷尾猴属中（图 7.14），我们会发现，虽然在一些次要的点上，比如犬齿的突出程度和齿隙方面，它们依然保留了与大猿[①]的相似之处，但在其他的一些最为重要的方面，它们的齿系与大猿有着巨大的差异：卷尾猴的乳齿数量不是 20 颗，而是 24 颗；恒齿数量不是 32 颗，而是 36 颗，假臼齿的数量从 8 颗增加到 12 颗。在形态上，其臼齿的齿冠与大猩猩的差异巨大，而且与人类的形态差异更为巨大。

另一方面，尽管狨猴的牙齿数量与人类和大猩猩相同，但是它们在齿系上还是差异巨大的，因为它们就像是其他的美洲猴一样要多 4 颗假臼齿，也缺少 4 颗真臼齿，因此臼齿总数还是不变。转到狐猴，它们的齿系呈现出与大猩猩更彻底、更本质的差异。狐猴的门齿数量和形态都开始发生变化，臼齿则越来越具有多尖的食虫性特征。到了指猴那里，犬齿会消失，其牙齿完全模仿成了啮齿动物牙齿的样子（图 7.14）。

---

① 在现代的生物分类学中一般被称为人科（*Hominidae*），隶属于灵长目。人科除了智人之外，还包括已灭绝的智人祖先和近亲，以及所有猩猩。在早期的分类法中，人科仅包括智人及其已灭绝的祖先，而所有猩猩都被分入猩猩科；今天，猩猩科成为人科的异名。

因此很显然，最高等猿类的齿系尽管与人类的齿系有着很大的不同，但它与较低等和最低等猿类的齿系的差别要更大。

无论我们去比较身体构造的哪一部分，无论我们选的是哪一系列肌肉、哪一种内脏，结果都是一样的——低等猿类与大猩猩之间的差异要比大猩猩与人类之间的差异大得多。在这里，我没法作尽善尽美的比较，而且事实上这样做也是没有必要的。但是，人和猿类之间依然存在着某些或真或假的结构差异。这些差异受到了我们的高度重视，因此它们需要被细致考虑。只有这样，那些真实的差异才能得到真正的价值，那些虚假的差异的空洞之处也才能被揭露出来。我这里的“虚假差异”指的是手、脚和脑部的特征。

人类被定义为唯一拥有2只手作为前肢末端、2只脚作为后肢末端的动物，但有人说所有的猿类都有4只手。还有人已经证实，在脑部特征上，人类与所有猿类都有着根本差异。但奇怪的是，有人一再坚称，只有人脑才拥有解剖学家知道的后叶、侧脑室后角和小海马这些构造。

前一个论点会受到普遍认可，并不是一件令人惊讶的事情——的确，初看之下，它们的外形支持这个主张；至于第二个主张，我们只能钦佩其发声者的超凡勇气，因为这一新观念不仅反对了普遍而公正地被接受的学说，而且已经被所有专门研究这一问题的早期研究者的证言直接否定。因此，这一主张既不曾，也不能由任何一个前人的解剖学工作所支持。事实上，要不是人们还会普遍而天生地相信，经过深思熟虑和反复强调的论断一定会有某些依据，它连受到严肃驳斥的资格都没有。

在我们有效地讨论第一点之前，我们必须细致考虑并比较人类的手和脚的结构，这样我们才能够清楚地知道是什么组成了手，以及是什么组成了脚。

人类手的外形对于每个人来说都很熟悉。它由一个粗壮的手腕和一个宽大的手掌组成，其内部又由肌肉、肌腱和皮肤组成，并由4块骨骼连接在一起。这些肌肉、肌腱和皮肤分离出4根又长又灵活的手指，每根手指的最后一个关节背面都有一个宽阔扁平的指甲。任何2根手指之间最长的缝隙都不到手的一半长。手掌基部外侧伸出1根粗壮的手指，它只有2个关节，而不是3个；它很短，只能稍微超过它相邻手指第一关节的中部；它还因为极大的灵活性而引人注目，因为这种灵活性，它可以向外侧伸展，几乎与其他手指呈直角。这根手指被称为拇指。和其他的手指一样，其末关节背面也有一个扁平的指甲。出于拇指的比例和灵活性，它被称为“对生的”手指。这即是说，它的末端可以非常轻易地与其他任何一根手指的末端相接触。这一性质在很大程度上决定了我们将头脑中的思想付诸实践的可能性。

脚和手在外形上差异很大。不过，我们只要仔细比较，就能发现它们一些惊人的相似之处：在某种程度上，脚踝与手腕、脚掌与手掌、脚趾与手指、拇趾与拇指是相对应的，但是脚趾在比例上远比手指要短，灵活性也会要差。这种灵活性的缺失在拇趾上最为突出。同时，拇趾相对于其他脚趾的比例，也比拇指相对于其他手指的比例要大得多。不过，在考虑这一点时，我们不能忘记，文明人的脚趾自童年起就受到了限制和束缚，其灵活性被认为是一个很大的劣势；而在未开化且赤脚的人身上，它保留了很高的灵活性，甚至是某种对生性。据说，中国的船夫会用它划桨，孟加拉的工匠们会用它编织，卡拉贾人[①]还能用它偷鱼钩。不过即便如此，我们也必须要记住，脚趾的关节结构和骨骼排列，必然使它的抓握动作远不如拇指那么完美。

但是，为了精确地理解手和脚的异同点，以及它们各自独特的特征，我们必须去皮肤下面观察，比较它们各自的骨骼结构和运动器官（图 7.15）。

在我们称为手腕的部位，呈现出两排紧密贴合的、学名叫腕骨的多角形骨骼，每一排有 4 块，大小大致相当。第一排腕骨与前臂的骨骼形成腕关节，它们是并排的，没有一块骨骼会大大超过或覆盖在其他骨骼上。

腕骨第二排的 4 块骨骼连接着支撑起手掌的 4 块长骨骼。具有同样特征的第 5 块骨骼以一种比其他骨骼更自由、更灵活的方式与它的腕骨形成关节，一起构成了拇指的基部。这 5 块长骨骼被称为掌骨，它们连带着指骨，也就是手指中的骨骼。其中，拇指有 2 块指骨，其他每根手指有 3 块指骨。

① 卡拉贾人是巴西的一个原住民族。

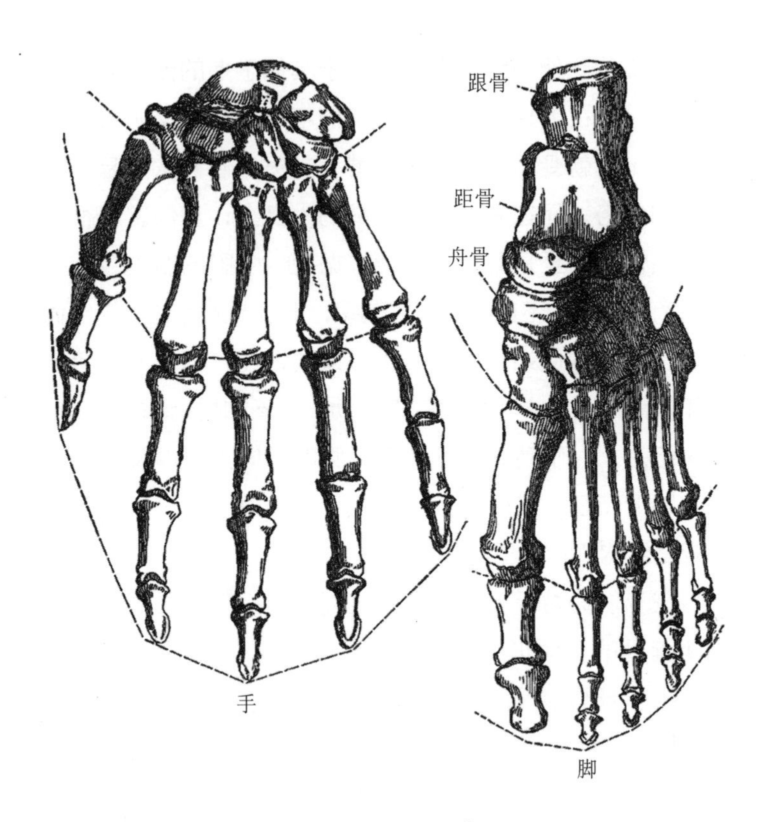

图 7.15《格氏解剖学》中，卡特博士[①]所绘的人类手（左）和脚（右）骨骼的缩小图

手的比例比脚的比例大。手上的三条曲线从上到下分别表示腕骨和掌骨的界线、掌骨与近节指骨的界线、末节指骨的末端。

脚上的三条曲线从上到下分别表示跗骨和跖骨的界线、跖骨和近端趾骨的界线、末节趾骨的末端。

① 亨利·范戴克·卡特，英国解剖学家，《格氏解剖学》一书的插图作者。

脚的骨骼在某些方面很像手的骨骼。其中，拇趾有 2 块趾骨，这一点与拇指相对应，而其他较小的脚趾各有 3 块趾骨。每根脚趾都有一块与掌骨相对应的长骨，被称为跖骨；还有与腕骨相对应的跗骨，其中有 4 块短的多角形骨骼排成一排，这与手上第二排的 4 块腕骨非常相似。在其他方面，脚和手有很大的不同。其中，拇趾是最长但只有一根的脚趾，并且它的跖骨与跗骨形成的关节的灵活性远不如拇指掌骨和腕骨形成的关节。但更重要的区别在于，跗骨只有 3 块而不是 4 块，并且这 3 块并不是并排的，也没有排成一排。其中一块叫跟骨（图 7.15）的骨骼，即脚后跟的骨骼，位于外侧，并向后突出形成巨大的脚后跟；另一块叫做距骨（图 7.15）的骨骼，一面靠在跟骨上，另一面与腿骨形成了踝关节；第三块面朝前方，并由一块叫做舟骨（图 7.15）的骨骼将它与紧邻跖骨的一排 3 块内侧跗骨隔开。

因此，手和脚的结构存在着根本差异，我们可以在腕关节和跗关节的对比中观察到这一点。此外，在比较掌骨、跖骨以及它们各自的手指、脚趾的比例和灵活性时，我们也能发现它们在一定程度上有着明显的不同。

当我们对比手部和脚部的肌肉时，同样两类差异也会变得非常明显。

在握紧拳头时，被称为屈肌的 3 组主要的肌肉可以弯曲拇指和其他手指。而在伸直手指时，3 组伸肌会伸展拇指和其他手指。这些肌肉都是长肌，也就是说，它们各自的肉质部分都位于并附着在臂骨上的，并在另一端延续为肌腱（或圆形的索状结构）、进入手部，并最终附着在要移动的骨骼上。因此，在弯曲手指时，位于手臂内、附着在手指上的屈肌的肉质部分，就会凭借它们的特殊能力收缩，并且牵引着与这些屈肌末端相连的腱索，使它们将手指骨骼拉向手掌方向。

拇指和其他手指的主要屈肌都是长肌肉，但是它们彼此在长度上大不相同。

在脚上，拇趾和其他脚趾也有 3 组主要的屈肌和 3 组主要的伸肌，但是其中 1 组伸肌和 1 组屈肌是短肌；也就是说，它们的肉质部分并不是位于腿部（与手臂相对应），而是位于脚背和脚掌中（与手背和手掌相对应）。

同样，拇趾和其他脚趾的长屈肌肌腱到达脚掌时，不会像手掌的屈肌那样彼此分开，而是以一种非常奇怪的方式联结、混合在一起，并承接一条与跟骨相连的辅助肌肉。

但是，脚部肌肉最为独特的特征，可能是所谓的腓骨长肌的存在，它是一条附着在腿的外侧骨骼上的长肌肉，其肌腱伸向外踝，并经过外踝的后面和下面，斜穿过脚部，被附着在拇趾的基部。在手上没有肌肉与其完全对应，它明显是脚部特有的肌肉。

让我们来做一个小结。人类脚和手的区别在于以下几个解剖学上的绝对差异：

1. 跗骨的排列方式；

2. 手指（脚趾）上是否有一条短屈肌和一条短伸肌；

3. 是否有被称为腓骨长肌的肌肉。

如果要弄清其他灵长类动物某一肢体的末端部分是脚

还是手，我们必须根据上述特征的存在与否来判断，而不仅仅是根据拇趾比例和灵活性的大小。拇趾的这些性质可能变化不定，但并不会对脚部结构带来什么根本性影响。

记住上面这些因素后，现在让我们来看看大猩猩的四肢。我们不难看出，在前肢末端部分中，骨骼对应着骨骼、肌肉对应着肌肉，其排列方式与人类基本相同，即便有一些细小差异，这些差异也在人类具有的差异范围内。即便大猩猩的手更笨拙、更重，在比例上拇指比人类的略短，但从未有人对它是手这一点表示怀疑。

乍一看，大猩猩的后肢末端也很像手，而在许多低等猿类身上更是如此。因此，将它们称为“四手动物”并不奇怪。“四手动物”这一称呼是布鲁门巴赫[①]从古代解剖学家[②]那里沿用的，但不幸的是，居维叶竟然将它普遍化，使它成为一个广为接受的类人猿类群的通行名称。但是，即便是最粗略的解剖学研究都能立刻证明，所谓的“后手”

---

① 布鲁门巴赫，德国医生、博物学家、生理学家和人类学家。他是最先把人类当作自然史研究对象的人之一。他还运用比较解剖学的方法，将人类种族分为五类——蒙古人种、尼格罗人种、高加索人种、马来人种、印第安人种。

② 泰森在谈到俾格米人的脚的时候说（第 13 页）：“但是，这一部位在结构和功能上，都更像是手而不是脚。为了把这类动物和其他动物区分开来，我曾想过，是否可以把它设想为、称为‘四手动物’而不是‘四足动物’呢？”

上文于 1699 年出版时，艾蒂安·圣伊莱尔（显然错误地认为“四手动物”一词的发明者是布丰，尽管“二手动物”一词可能的确来源于布丰。泰森有几处使用了“四手动物”一词，例如第 91 页：“……俾格米人不是人类，也不是“普通的猿类”，而是介于两者之间的一种动物；尽管它是一种“二足动物”，但仍是一种“四手动物”，虽然也有人观察到，有些“人类”也能像使用“手”一样使用他们的“脚”，我就见过几个这样的人类。”——原注与真正的手只是在表面上相似，但在所有基本方面上，大猩猩的后肢末端实际上和人类一样是脚。一方面，其跗骨在数量、排列方式和形态等所有重要方面上都与人类跗骨相似（图 7.16）；另一方面，尽管其跖骨和趾骨在比例上更为细长，但其拇趾不仅在比例上更短、更弱，而且其跖骨通过更灵活的关节与跗骨连接在一起。同时，大猩猩的脚在腿上的位置比在人身上更加倾斜。

至于肌肉，大猩猩的后肢末端拥有一条短屈肌、一条短伸肌和一条腓骨长肌，而拇趾和其他脚趾的长屈肌的肌腱是联合在一起的，且有一个附属的肌肉束。

因此，大猩猩的后肢末端是一只真正的脚，并带有一根灵活度很高的大脚趾。它确实是一只能够抓握东西的脚，但绝不是一只手。它与人类的脚的区别，不在于基本特征，而在于比例、灵活性以及各部分的次要结构。

不过，虽然我说这些差异不是根本性的，但这并不是说我想要低估它们的价值。它们以自己的方式表现得足够重要。在每种情况下，脚的结构都与生物体的其余部分都处于严格的相关性中。毫无疑问，人类更复杂的生理劳动分工，使得支撑的功能全部集中在了腿和脚上。这对人类来说是身体结构发展中的一个重要时刻。但是，从解剖学的角度来看，人类的脚和大猩猩的脚之间的相似之处，终究远比它们之间的差异更明显，也更加重要。

在这一点上，鉴于众多谬见盛行，我对此进行了详细的讨论。但是，在不损害我自己的论点的前提下，我可能也只会将其一笔带过。我只需要表明，不论人类的手和脚与大猩猩的手和脚之间的差异如何，大猩猩的手和脚与更低等猿类的手和脚之间的差异都要大得多。

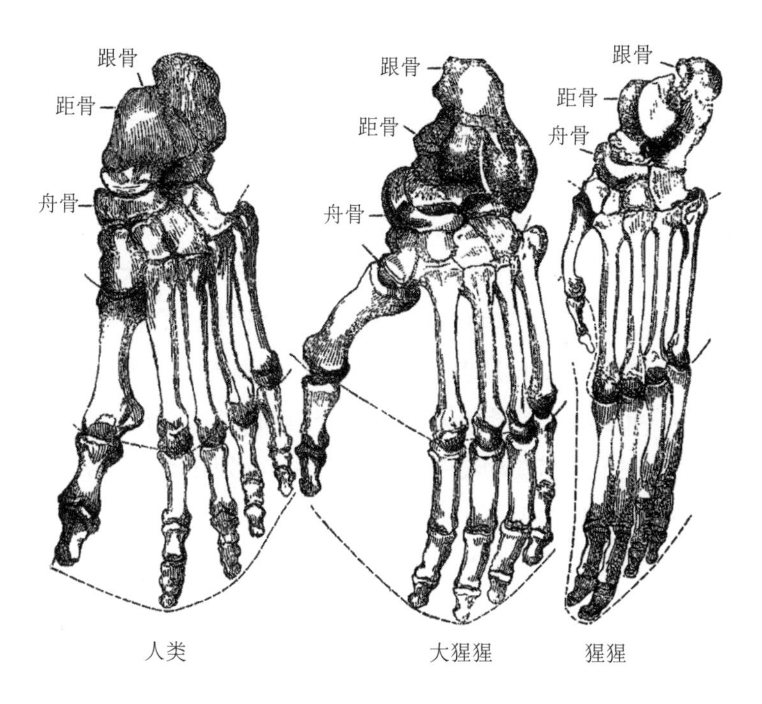

图 7.16 绝对长度相同的人类、大猩猩和猩猩的脚，以显示它们之间的比例差异

图中三条曲线含义与图 7.15 一致。本图缩小自瓦特豪斯·霍金斯先生的原图。

要找到关于这个问题的决定性证据，我们没有必要讨论比猩猩更低等的猿类。

猩猩拇指与大猩猩拇指之间的差异，远大于大猩猩拇指与人类拇指之间的差异。这不仅在于猩猩的拇指很短，还在于它缺少特殊的长屈肌。和大多数低等猿类一样，猩猩也有 9 块腕骨，而人类和大猩猩只有 8 块腕骨。

猩猩的脚（图 7.16）的异常程度更高。它的脚趾长，跗骨短，拇趾短，跟骨短而隆起，腿部关节的倾斜程度很大，并缺少一条连往拇趾的长屈肌的肌腱。这些异常之处使得它的脚与大猩猩的脚之间的差异，比人类的脚与大猩猩的脚之间的差异要大得多。

但是，在一些低等猿类中，它们的手脚与大猩猩的手脚的差异，仍然要比它们与猩猩的手脚的差异更大。在美洲猴身上，拇指不再是对生的；在蜘蛛猴身上，拇指退化成了一个仅仅被皮肤覆盖的雏形；在狨猴身上，拇指方向向前，和其他的手指一样具有一个弯曲的爪。因此，毫无疑问，在上述这些动物中，它们的手与大猩猩的手的差异，要大于大猩猩的手与人类的手的差异。

就脚部而言，狨猴的拇趾在比例上与猩猩的脚趾相比是更加微不足道的。与它相对，狐猴的拇趾非常大，并且像大猩猩一样，完全是类拇指的和对生的。但是，在这些动物身上，第 2 根脚趾经常会有不规则的变化。在某些物种中，跗骨的两块主要骨骼——距骨和跟骨还会被极大拉长，以至于它们的脚与其他哺乳动物的脚完全不同。

肌肉也是如此。大猩猩脚趾的短屈肌和人类的区别在于它其中一条肌肉并非附着在跟骨上，而是附着在长屈肌的肌腱上。较低等的猿类与大猩猩的区别，则是这一特征的增强版，有两三条甚至几倍多的肌肉附着在长屈肌的肌腱上。此外，大猩猩与人类在长屈肌肌腱之间的交织方式上差异很小。更低等的猿类与大猩猩的不同之处还在于，它们在同一部位呈现出了另一种排列方式，这种排列方式有时非常复杂，有时还缺少附属的肌肉束。

不过我们必须记住，在所有这些变化中，脚部没有失去任何一种本质特征。每一种猴子和每一种狐猴都呈现出跗骨特有的排列方式。它们都有短屈肌、短伸肌和腓骨长肌。尽管器官的比例和外形各不相同，但是就构造的方式和原则而言，它们的后肢末端仍然是脚。在这些方面，我们绝对不可以将它们与手相混淆。

比起手和脚，我们很难在身体结构中找到更好的一个部位能够说明这一真理：人与最高等的猿类之间的结构差异，要比最高等猿类与低等猿类之间的结构差异小。不过，对某个器官的研究或许能以更加惊人的方式得到同样的结论。这个器官就是脑。

但是，在讨论猿类和人类的脑部差异值这一明确问题之前，我们必须清楚地了解，是什么构成了脑部结构的巨大差异，又是什么构成了脑部结构的微小差异。要做到这一点，最好的办法是对一系列脊椎动物大脑所呈现的主要变化进行简要研究。

在鱼类的脑中，与连入脑部的脊髓和离开脑部的神经相比，其脑部是非常小的。在组成它的各个部分——嗅叶、大脑半球和后续各部分当中，没有一个部分能够比其他部分更大、能够掩盖或遮蔽其余部分。而它们之中最大的部分通常是所谓的视叶。在爬行类中，相对于脊髓而言，脑的规模增加，大脑半球开始在大小上超过其他部分。而在鸟类身上，这种大小上的优势会更加明显。鸭嘴兽、负鼠、袋鼠等最低等哺乳动物的脑在这一方向上呈现出了更加明显的发展。它们大脑半球的尺寸大大增长，以至于或多或少地掩盖了仍然相对较小的视叶的特征。因此，有袋类的脑与鸟类、爬行类和鱼类的脑截然不同。而在更高一等的胎盘哺乳动物中，脑部结构又较有袋类得到了巨大的变化。这种变化并不是像老鼠或兔子那样的脑部外形的巨大变化，也不是脑各部分比例的巨大变化，而是在大脑两个半球之间出现了一个连接二者的明显的新结构，它被称为“大连合”或“胼胝体”。这一问题需要我们重新进行细致的研究。但是，如果目前所接受的说法是正确的，那么胎盘哺乳动物“胼胝体”的出现是在整个脊椎动物系列中脑部呈现出的最大、最骤然的改变，也是大自然在脑这个作品中做出的最大飞跃。这是因为，一旦大脑两个半球这样结合起来，大脑复杂性的进步就可以通过从最低等的啮齿动物、食虫动物到人类的一系列完整阶段来追踪。大脑的这种复杂性主要体现在大脑半球和小脑之间不成比例的发育中。而与脑部其他部分相比，大脑半球的复杂性尤为突出。

在较低等的胎盘哺乳动物中，当我们从上方观察脑部时，隔着大脑半球可以看到小脑本身的上、后表面。但是，在更高等的胎盘哺乳动物中，大脑每个半球的后半部分与小脑前侧面之间只由小脑幕隔开。此外，大脑半球后半部分向下、向后倾斜，而后生长成所谓的“后叶”（图 7.17）。它在长度上覆盖并遮住了小脑。

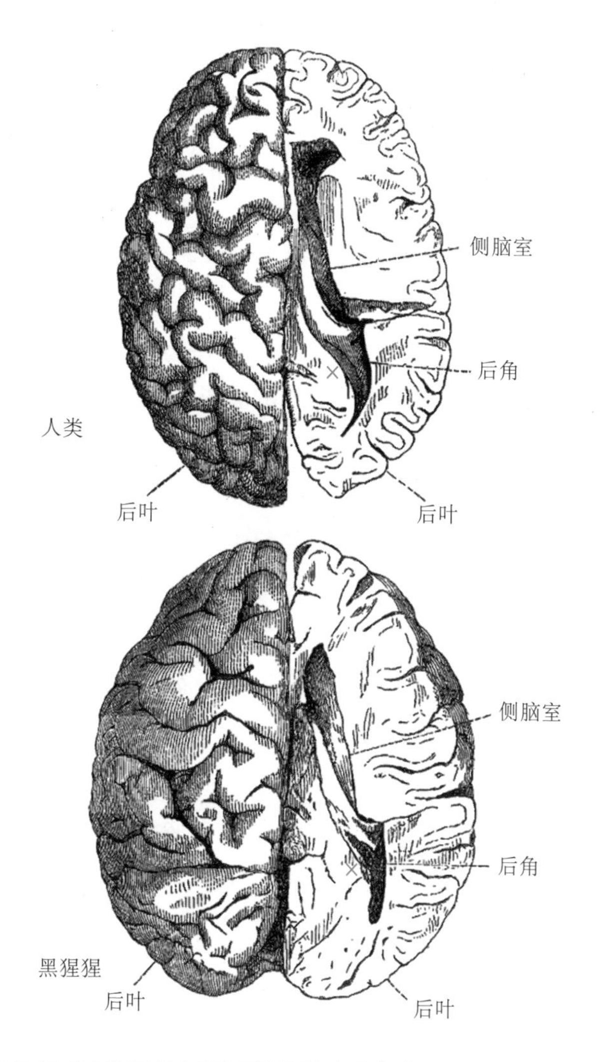

图 7.17 长度相同的人类和黑猩猩的大脑半球图，以显示其中各部分的相对比例

上图绘自一个皇家外科医学会博物馆中的标本，我要感谢管理员弗劳尔先生帮我解剖了这个标本；下图绘自一张以类似方式解剖的黑猩猩脑部的照片，出自马歇尔先生在 1861 年 7 月的《自然史评论》上发表的论文《论黑猩猩的脑》。图中红色的 × 表示小海马的位置。

在所有哺乳动物中，每一个大脑半球都包含一个被称为“脑室”（图 7.17）的腔，它一方面向前延伸，另一方面向下延伸到大脑半球的物质中。因此，据说它有 2 个“角”，一个是“前角”，一个是“下角”。当后叶发育成熟时，脑室的第 3 个延长部分就会延伸到后叶之中，它被称为“后角”（图 7.17）。

在低等和体型较小的胎盘哺乳动物中，大脑半球的表面要么是光滑的，甚至是均匀的圆形，要么只呈现出极少量的凹槽。这些凹槽的学名叫“沟”，将脑部物质的嵴或者“回”分隔开。在所有目中，体型更小的物种都倾向于拥有光滑的大脑。但是在更高等的目中，尤其是在这些目中体型较大的成员身上，这种凹槽或沟会变得极其多，而且与之相应，中间的回的曲折程度也会更加复杂。到了大象、海豚、高等猿类和人类身上，大脑表面看起来像是曲折褶皱的完美迷宫。

当大脑后叶存在，并呈现出其惯常的腔体——后角时，我们通常可以在脑叶的内侧下表面上看到一条特别的沟，它与角的底部平行，且出现在角底部的下方，而角就像跨过这条沟顶部的拱形。这条沟就像是用钝器挤压后角底部形成的。这样一来，后角的底部就会升高，并上凸形成一个突起。这个突起被称为“小海马”（图 7.17），而下角底部的一个较大的凸起被称为“大海马”[①]。我们尚不清楚这两种结构有什么重要的功能。

① 现在我们一般把“小海马”称为禽距，把“大海马”称为海马、海马体、海马回等。

大自然仿佛要提供一个惊人的例子，来证明人类和猿类的脑部之间不可能有任何界限。在猿类身上，它提供了一个从比啮齿动物略高等的脑到比人类略低等的脑的近乎完整的渐变序列。这是一个值得注意的情况。虽然就我们目前的知识范围而言，在类人猿的脑部形态的序列中，有一个真正的结构性断裂，不过这种断裂并不位于人类和类人猿之间，而位于较低等的类人猿和最低等的类人猿之间，或者说在旧大陆和新大陆的猿类、猴类以及狐猴之间。事实上，对于我们研究过的每只狐猴来说，我们都能从上面看到部分小脑、后叶，以及其中或多或少有些原始的后角和小海马。相反，每只狨猴、美洲猴、旧大陆猴、狒狒或类人猿的小脑都完全隐藏在脑叶后面。它们都有一个大型的后角和一个发育良好的小海马。

在许多这样的生物身上，比如在松鼠猴身上，脑叶与小脑重叠，并在小脑后面延伸得更远，这在比例上远远超过了人类的脑叶（图 7.13）。而且可以十分肯定的是，其小脑总体上被发育良好的后叶所覆盖。这个事实可以被每一位拥有新大陆或旧大陆猴类头骨的人证实。由于所有哺乳动物的脑都会完全充满颅腔，所以头骨内部的铸模显然能够重现脑的普遍形态。尽管干燥头骨中脑部包膜的缺失会造成一些细微差异，不过就目前的目的而言，这些是完全不重要的。但是，如果这种铸模是用石膏制成的，并与类似的人类头骨内部模型相比较，很显然，代表猿类大脑脑室的模型会完全覆盖代表小脑脑室的模型，就像是在人类身上一样（图 7.18）。一个粗心的观察者会忘记像脑这样柔软的结构在从头骨中取出的那一刻就失去了它原本的形状，从而可能真的会把取出的扭曲变形的脑部中小脑的未被覆盖的状态误认为是各部分间自然的联系。不过，只要试着把脑部放回颅腔内，他自己都能发现自己犯下的显而易见的错误。因此，猿类小脑自然状态下没有被遮在后面这一推测就成了一种误解。能和它相比的只有下面这个误解：人类的肺一直只占据胸腔的一小部分。这其实是因为当胸腔被剖开时，肺部的弹性不再被空气压力所抵消，此时肺部的确只占据胸腔的一小部分。

这种错误是不可原谅的。因为对于每一个研究任何一种比狐猴高等的猿类头骨的人来说，不需要费心去铸造它的模型就可以知道，这一点一定是非常清晰明了的。因为每一块这样的头骨上都会像在人类的头骨上一样，有一条非常明显的沟，它表示着小脑幕的附着线。小脑幕是一种类似羊皮纸的隔板或墙，在此时的颅腔中，它夹在大脑和小脑中间，阻断了前者对后者的压迫（图 7.13）。

因此，这条沟标示着包含了大脑的部分颅腔和包含了小脑的部分颅腔的分界线。由于脑刚好填满了颅腔，很明显，颅腔的这两个部分之间的关系立刻告诉了我们其内容物之间的关系。现在在人类身上，在所有的旧大陆和新大陆的类人猿身上（除了一个例外），当面部朝前时，这条小脑幕的附着线，即学名中的“侧窦压迹”，是近乎水平的，大脑室总是覆盖或者突出于小脑室。在吼猴（图 7.13）中，这条附着线是倾斜向上、向后的，大脑几乎没有覆盖小脑；而在狐猴（图 7.13）身上，就像在低等哺乳动物身上一样，这条线在同一个方向上更加倾斜，而且小脑室大大地突出于大脑。

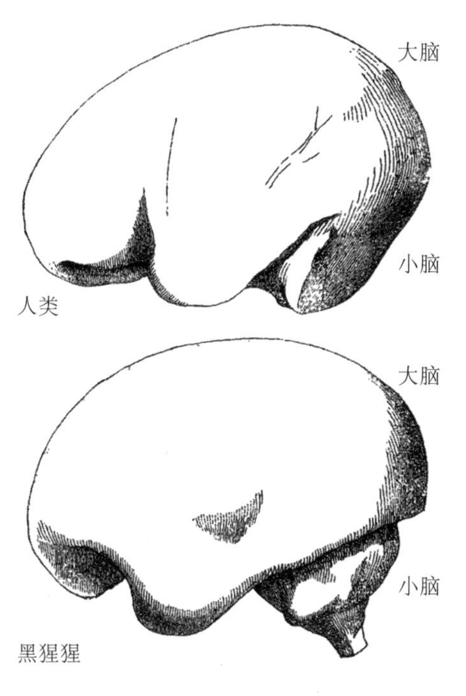

图 7.18 人类和黑猩猩头骨的内部模型图，其绝对长度相同，并按照相应的位置绘制

上图绘自英国皇家外科医学会博物馆的模型，下图绘自黑猩猩头骨模型的照片，是马歇尔先生《论黑猩猩的脑》中的插图。黑猩猩脑室模型的下缘轮廓要更为清晰的下缘轮廓，是由于黑猩猩的头骨中保留了小脑幕，而人类的头骨中则没有。和人类的脑相比，石膏模型更为准确地描绘了黑猩猩的大脑；并且，黑猩猩的大脑后叶向后超过小脑的巨大突出是非常明显的。

既然本可以像后叶问题一样可以轻松解决的关于这些论点的严重错误也需要权威人士来指出，那么对一些不算复杂的、只需要我们稍加注意的观察性问题而言，会得出更坏的结果也就不算什么怪事了。任何一个看不见猿类脑部后叶的人，都不太可能对后角和小海马提出什么非常有价值的意见；如果一个人看不到教堂，那么听取他对教堂的祭坛装饰画或彩绘玻璃窗的意见是很荒谬可笑的。所以，我认为必须要做的事情，不是再去对这些要点进行讨论，而是满足于让读者弄清猿类的后角和小海马的发育状况通常至少会和人类一样发达，并且常常还会更加发达。今天，我们不仅在黑猩猩、猩猩和长臂猿身上发现了这一点，还在旧大陆的所有狒狒和猴类、新大陆的大多数猴类（包括狨猴）身上发现了这一现象。

实际上，我们迄今所拥有的所有丰富可信的证据（包括熟练的解剖学家们针对这些问题进行的细致研究的结论）都让我们确信：后叶、后角和小海马，这些即使在最清晰的反对论据发表之后、人们依然一再坚称是为人类所特有的结构，恰恰是人类和猿类所共有的最显著的脑部特征。它们是人体呈现出的最明显的类人猿特征之一。

关于那些回，猿类的脑呈现出了从狨猴几乎光滑的脑到只比人类低等一些的猩猩和黑猩猩的脑的各个发展阶段。最值得注意的是，猿类大脑中所有主要的沟的排列方式与人类大脑中相对应的沟的排列方式是一致的。猴子的大脑表面能呈现出类似于人类大脑的脉络图，而在类人猿的脑中，脉络图的细节会越来越丰富，以至于我们只能从一些次要的结构特征上将黑猩猩或猩猩的脑与人脑区分开来，比如前叶上的更大更深的沟，类人猿身上一直拥有的而人类身上通常没有的裂，以及一些回在位置和比例上的不同。

因此，就大脑结构而言，很显然，人类与黑猩猩或猩猩的区别，甚至比黑猩猩或大猩猩与猴子之间的区别要小；相比于黑猩猩与狐猴之间的脑部区别，黑猩猩与人类之间的脑部区别几乎微不足道。

但是，不可忽视的是，最低等的人脑的和最高等的猿脑在规模和质量的绝对数值上也存在着非常惊人的差异。当我们想起一只成年大猩猩的体重几乎是一个布须曼人或者一位欧洲女人的两倍时，这种差异就更加显著了。一位健康的成年人大脑是否会轻于 31~32 盎司[①]，但最重的大猩猩大脑是否会重于 20 盎司都是值得怀疑的。

这是一个非常值得注意的情形。总有一天，它无疑将

① 在英制液体单位中，1 盎司≈ 28.41 立方厘米，下同。

有助于解释最低等的人类与最高等的猿类在智力[1]上的巨大鸿沟。但是，它几乎没有分类系统上的价值。原因很简单，我们先前关于脑容量的讨论可以得出，最高等的人类和最

[1] 在这里，我说的“有助于”的意思是：因为我绝不相信脑的质或量的原始差异导致了人类和类人种族之间的分歧并导致了它们今天的巨大鸿沟。毫无疑问，在某种意义上，所有的功能性差异都是结构性差异的结果，或者说是生命物质最初分子力组合差异的结果；接着，从这一不可否认的公理出发，反对者们偶然且似乎很有道理地认为，猿类和人类之间的巨大智力鸿沟，意味着它们的智力功能器官之间存在着相应的结构性鸿沟；由此，反对者们说，我们没有发现如此巨大的差异，并不是证明了它们不存在，而是证明了科学没有能力发现它们。然而，我认为，我们只要稍加考虑就会发现这个推理中的谬误。它的正确性基于这样一个假设，即智力完全取决于脑。然而，脑只是智力表现所依赖的众多条件之一；其他的条件主要是感觉器官和运动器官，特别是那些与理解和产生口齿清晰的说话能力有关的器官。

如果一个天生的哑巴被限制在一个同伴都是哑巴的社会里，即便他有着巨大的脑和遗传得来的强大智力本能，和猩猩与黑猩猩相比，他也几乎不会有更高的智力表现。然而，他的脑和一位智力和受教育程度都很高的人的脑之间，可能没有丝毫区别。他说话能力缺失的原因，可能是口腔或舌头的结构性缺陷，或者仅仅是这些部位的神经支配缺陷，也有可能是由内耳中某种微小缺陷引起的先天性耳聋，只有细心的解剖学家才能发现这种缺陷。

在我看来，由于人类和猿类之间存在着巨大的智力差异，因此它们的脑部也必然存在着同样巨大的差异这一论点，和下面这个推理过程有着一样的基础：有人努力想要证明，一块能够准确计时的表和一块完全不走的表之间，存在着一条“巨大鸿沟”，所以两块表有着巨大的结构差异。其实，这一切差异也可能只来源于一些只有熟练的钟表工人才能发现的细微之处，比如平衡轮上的一根头发、小齿轮上的一点锈、操纵轮上的一个齿有了一点弯曲。

我和居维叶一致认为，口齿清晰的说话能力是人类最重要的特征（无论它在绝对意义上是否为他所特有）。同时，我觉得很容易理解的是，一些同样不明显的结构性差异，也可能一直是导致人类与类人猿种族之间不可测量的、实际上是无限的分歧的主要原因。——原注

低等的人类的脑重量差异，无论是从相对数值还是从绝对数值的角度来看，都要比最低等的人类和最高等的猿类的脑容量差异大得多。我们已经看到，在后一组对比中，其大脑物质的差异在绝对数值上是 12 盎司，在相对数值上是 32:20 的比例。但是，由于有记录的人脑最大重量在 65~66 盎司之间，前一组对比的差异在绝对数值上大于 33 盎司，在相对数值上是 65:32 的比例。系统来看，人类与类人猿的脑部差异只不过是属之间的差异值，而科之间的差异主要在于齿系、骨盆和下肢。

因此，无论我们研究的是什么器官系统，只要我们比较它们在猿类系列当中的变化过程，都会得到同一个结论——把人类和大猩猩与黑猩猩区分开的结构差异，不如把大猩猩与低等猿类区分开的结构差异来得大。

但是，在阐明这一重要事实时，我必须对一种误解形式保持警惕。大自然把该问题上的真理清楚展示给我们，但我发现在现实中，那些努力教授真理的人们的观点总是容易被歪曲，他们的措辞也总是容易被断章取义。这致使他们看上去就像在说人类和最高等猿类之间的种种差异其实微不足道。因此，让我借此机会明确坚称：恰恰相反，这些差异有着重大的意义——大猩猩的每一块骨骼，都拥有将其与人类相应骨骼区分开来的特征；而在今天的宇宙万物中，我们尚未在人属和黑猩猩属之间的鸿沟中找到一个环节来连接二者。

否认这条鸿沟的存在既是荒谬的，也是错误的。但是，夸大这条鸿沟的大小，并止步于其中的公认事实，而不去研究这条鸿沟是宽还是窄，至少也是同样错误和荒谬的。如果您愿意的话，请您记住，人类与大猩猩之间并没有连接的环节；但请您也不要忘记，在大猩猩与猩猩之间或者猩猩与长臂猿之间，依然有一条清晰的分界线，也完全没有任何过渡形态。在我看来，即便这条分界线还要更窄，但它依然非常清晰。人类与类人猿的结构差异，能够为我们把人类看作一个独立于类人猿的新的科的观点提供辩护；然而，由于人类与类人猿的差异比类人猿与同目其他科的差异还要少，因此我们没有理由把人类归于一个不同的目。

这样一来，动物分类学的伟大立法者——林奈的真知灼见就得到了证实。一个世纪以来的解剖学研究把我们带回到他的结论——人类与猿类、狐猴隶属于同一个目（林奈为这一目创立的术语“灵长类”应该被保留）。这一目现在可分为七科，它们的分类学价值大致相等：第一科是人科，仅包括人类；第二科是狭鼻猴科，包括旧大陆的猿类；第三科是阔鼻猴科，包括狨猴之外的所有新大陆猿类；第四科是狨猴科，包括狨猴；第五科是狐猴科，包括狐猴；其中，狐猴中的指猴可能应当被排除在外，并单独组成第六科——指猴科；第七科是飞狐猴科，只包括飞狐猴[①]，它有着类似于蝙蝠的奇怪形态，就像是指猴穿上了啮齿动物的毛皮和狐猴模仿食虫动物一样。

在哺乳动物当中，也许再也没有一个目能像灵长目这样，给我们呈现出如此特别的一系列渐变，并带领从动物

① 现在的分类学一般将其称为巽他鼯猴，并将其归入皮翼目，而非灵长目。

的王座、顶峰只往下走了一步，就在不知不觉中抵达最低等、最小、最没有智慧的胎盘哺乳动物。这就好像大自然自身已经预见到了人类的傲慢自大，于是在人类才智大获全胜的时候，她以罗马式的严苛，认为这种人类才智不过是一场奴隶的壮举。她以此来告诫自以为征服自然的人类：他只不过是一粒微尘。

我在本文开头讲到的结论，都可以从上面这些主要事实中直接得出。我相信这些事实是不容置疑的。而且只要它们是不容置疑的，我就会不可避免地得出这个结论。

但是，倘若人与野兽的结构界限并没有比野兽彼此之间的结构界限更大，那么这样一来，假如我们能够发现形塑普通动物的属和科的物质因果关系过程，那么这种因果关系过程就足以说明人类的起源。换句话说，例如，如果它可以证明狨猴是从普通的阔鼻猴演化而来，或者说狨猴和阔鼻猴都是由同一个原始祖先变化而来的分支，那么我们就没有合理理由去质疑以下两种人类起源的可能性：一种是人类是由一种类人猿逐渐进化而来的，另一种是人类和那些猿类都是同一原始祖先的分支。

目前，只有一种物质因果关系过程拥有有利证据，或者说只有一种关于动物物种起源假说——由达尔文提出的假说大体上是有其科学依据的。至于拉马克（图 7.19），尽管他有许多睿智的观点，但其中也夹杂着许多粗糙甚至荒谬可笑的观点。这抵消了他的独创性本可拥有的益处——他本可以是一位更加清醒谨慎的思想家。我听说过他宣称的“生命形式以预定方式持续生成”的准则，但是很显然，一个假说的首要职责是明白易懂，但拉马克的准则是一种不论正向、反向还是侧面理解，意义量都相同的通用命题。这样的命题，尽管看上去是存在的，实际上是不存在的。

图 7.19 拉马克

法国博物学家，进化论的倡导者和先驱。1809 年，他在《动物学哲学》一书中提出了用进废退与获得性遗传两个法则，并认为这既是生物产生变异的原因，又是生物适应环境的过程。

因此，在现在这个时刻，人类与较低等动物之间的关系问题，最终可以归结为一个更大的问题——达尔文先生的观点是否可以站得住脚。但在这里，我们进入了一个困难的领域，并有必要格外谨慎地确定自己的确切位置。

我认为，毫无疑问的是，达尔文先生已经令人满意地证明，他称为“自然选择”或“选择性改变”的现象在自然界中必然会且确实发生了。他还额外证明，这种自然选择足以产生一些甚至同某些属一样结构清晰的生物形式。如果这个生机勃勃的世界只呈现给我们结构差异，那么我们可以毫不犹豫地说，达尔文先生已经证明：有一种真正的物质性因素，它足以解释现存物种及其中的人类的起源。

但是除去结构区别，动物和植物的物种，或者至少是其中的很多物种，还拥有一些生理性质，这使得它们在结构上被称为单独的种。在大多数情况下，不同种之间完全无法杂交，或者即便它们能够杂交，杂交所得的杂交动物也无法与另一只相同的杂交动物延续种族。

然而，物质性因素只有能解释其作用范围内所有现象，才能被承认其正确性。只要它与作用范围内任何一种现象相矛盾，它就必须要被拒绝。倘若它不能解释任何一种现象，那么它就过于无力且值得怀疑，即使它有要求被暂时接受的绝对权利。

现在，据我所知，达尔文先生的假说并不与任何一个已知的生物学事实相矛盾。相反，假如我们承认达尔文先生的假说，那么发育、比较解剖学、地理分布和古生物学中的种种事实就会彼此连接在一起，呈现出前所未有的意义。就我个人而言，我完全相信这个假说与真理的接近性，就像哥白尼的假说与行星运动的正确理论的接近性一样，即便它并非完全正确。

但尽管如此，只要在证据链中缺少了一环，我们对达尔文先生假说的接受就只可能是暂时的。只要从同一祖先中选择性繁殖而来的所有动植物可以生育，并且它们后代可以彼此繁殖，那么这一环就是缺失的。这是因为在很长一段时间之内，我们都将无法证明选择性繁殖足以完成所有自然物种的繁殖需求。

我把这一结论尽可能有力地摆在读者面前，这是因为我希望自己的最终立场是一名达尔文先生拥护者。倘若

“拥护者”的责任指的是去缓解真正的困难，并说服那些达尔文先生还说服不了的人们，那么我还可以是其他任何观点的拥护者。

不过，为了对达尔文先生做出应有的评价，我们必须承认人们对可育和不育的条件的了解还很少。但我们也必须承认：当我们发现众多事实都与达尔文的学说一致，或者可以在其中得到解释，我们日益增长的知识会带领我们觉得，他证据链中缺失的一环会变得越来越不重要。

因此，我接受达尔文先生的假说，是因为它给出了生理学意义上的物种可能产生于选择性繁殖的证明。这就像一个物理哲学家接受光的波动理论，是因为它证明了假想的以太的存在；或者像一个化学家接受原子理论，是因为它证明了原子的存在。出于完全同样的、有着极大的初步可能性的原因，我可以说：达尔文先生的假说是目前能够让观察到的事实的混乱状态恢复秩序的唯一方法。最后，它是从自然分类系统的发明和胚胎的系统性研究开始以来，博物学家得到的最有力的研究工具。

但即便撇开达尔文先生的观点不谈，对大自然运作机制的整个类比也提供了一个完整有力的论点：它反对宇宙所有现象的产生过程中除了所谓的次要原因之外其他任何原因的干预。因此，鉴于人类与其他生命之间、生命世界施加的力量与其他所有力量之间的紧密联系，我觉得没有任何理由怀疑，从无形之物到有形之物，从无机物到有机体，从盲目的力量到有意识的理智和意志，一切都是大自然伟大发展进程中互相协调的条件。

科学只要确定并阐明真理，就实现了她自己的功能。如果这几页文章只是写给科学界人士们看的，那我现在就可以停笔，因为我知道我的同仁们已经学会只能尊重证据，并相信他们的最高职责在于服从证据，即便它们可能与自己的意向相悖。

不过，在我对这个问题能够进行的最严肃谨慎的研究面前，大多数读者在看到我的结论时可能仍会心存反感。由于我渴望接触到更宽阔的知识公众圈子，倘若我无视这些读者的反感，那这就是一种不光彩的懦弱。

我能够从四面八方听到这样的呐喊：“我们是男人和女人。我们不仅仅是一种猿类的更好形态，不仅仅是相比于你们的黑猩猩和大猩猩，腿要更长一些，脚要更结实，脑子要更大一些的动物。知识的力量，即善恶意识以及人类情感中的怜悯之心的力量，把我们从与野兽的所有真实同类关系中拔高出来，不管它们看上去与我们多么接近。”

对此我只能回答，只要这一呼声能够稍微切题，那它将是最合理的，我也会对此深有同感。但是，我绝非试图把人类的尊严建立在他们的拇趾上，也绝非暗示说如果猿类有小海马，我们人类就失去了尊严。相反，我已经尽我所能来清除这种虚荣心。我已经努力证明，在动物世界和我们自己之间，没有一条比与低我们一等的动物之间的界限更宽的绝对结构界限；我还要说，我相信任何在精神上加以区分的企图也同样是徒劳的，甚至相信最高等的感觉能力和理智能力早在较低等的生命形式中就已经开始生根发芽[①]。与此同时，没有人比我更确信文明人与野兽之间存在的巨大鸿沟；或者说，我更能肯定的是，无论人类是否来自它们，人类肯定都不属于它们。人类是这个世界上唯一有意识和智慧的居民，谁也不会倾向于轻视他们当下的尊严，也不会对他们未来的希望心存绝望。

我们确实从自称这些问题的权威人士的口中听到，这两套观点是水火不容的——相信人与动物的起源是统一的，就包含了相信人类的残暴和堕落。但事实果真如此吗？一个聪明的孩子难道不能用最显而易见的观点，来驳倒那些将这一结论强加于我们的肤浅的修辞学家吗？难道对诗人们、哲学家们、艺术家们，和那些作为时代之光的智者们而言，仅仅因为一种无疑的历史可能性，还不能说是一种确定性——他们是某个赤身露体的、拥有凶狠兽性的野蛮人的直系后裔，这个野蛮人的智慧足以使他比狐狸更狡猾、比老虎更危险——他们的崇高地位就受到玷污和贬损吗？

① 我非常高兴能够发现欧文教授的观点与我完全一致，以至于我不能不引用他 1857 年在《伦敦林奈学会学报》上发表的一篇文章《论哺乳纲的特征、分类原则和主要类群》中的一段话。但他在两年后剑桥大学的里德讲座中难以解释地省略了这一段，否则这一讲座就是我提到的那篇论文的翻版。欧文教授写道：

“我无法理解和构想黑猩猩与布须曼人或阿兹特克人在心理现象上的区别，因为它们脑部发育都停滞了。这是一种非常本质的性质，或者说非程度上的差异，以至于我们无法对它们进行比较。同时，我无法对这种遍及全身的结构相似性的重要性视而不见——它们的每颗牙齿、每块骨头，严格来说都是同源的。这就使得人属和猿属之间区别的确定成为了解剖学家的难题。”

在发现人属和猿属之间的“区别”“难以确定”之后，“解剖学家们”反倒根据解剖学，把它们划分为两个不同的亚纲，这可真是有点奇怪！——原注还是说仅仅因为一个毋庸置疑的事实——他曾是一个卵，而普通的辨别方法无法将他的卵和狗的卵区分开，他就注定要四脚着地、到处嗥叫、卑躬屈膝吗？难道仅仅因为对人类本性的最简单的研究揭示出，慈善家和圣徒们的本性其实建立于最简单的四足动物的所有自私情欲和凶猛食欲，他们就会放弃崇高的生活方式吗？难道仅仅因为母鸡也会表现出母爱，狗也能拥有忠诚，母爱和忠诚就是卑劣可耻的吗？

大部分人仅凭常识就能毫不犹豫地回答这些问题。如果健全的人性发现自己很难从真正的罪恶和堕落中逃脱出来，它就会把对可能腐坏之物的计较留给那些愤世嫉俗和"正气过剩"的人们。这群人团结一致，反对一切，对可见世界的崇高之处麻木不仁，无法欣赏人类在自然界中栖居的显赫之所。

而有思想的人们一旦摆脱了传统偏见的盲目影响，就会在人类发源的卑贱祖先身上找到人类力量光辉的最好证据；在对过去的漫长求索中，他将领悟到迈向更崇高未来这一信念的合理基础。

他们会记得，正在比较文明人与动物世界的他们，就像是阿尔卑斯山上的旅人一样，当他看到高耸入云的群山时，几乎看不到阴影笼罩的峭壁和玫瑰色的山峰终于何方，也看不出天上的云彩始于何物。当然，我们可以为这位充满敬畏之心的旅人辩解，因为他起初没有相信地质学家的话——这瑰丽的群山，说到底是原始海洋底部的硬泥，或是地下熔炉的冷却熔渣。它们与最灰暗单调的泥土是同一种物质，但它们却被地球内在的力量抬升到那高不可攀的壮丽之处。

但是地质学家的说法是正确的。如果我们对他的教导进行适当的思考，我们的敬畏和惊奇并不会减少，这种思考反而能在那些未受指导的旁观者们的纯粹审美直觉中增添上智慧的崇高力量。

在愤怒和偏见逐渐散去之后，同样的结果也会出现在博物学家关于生命世界的阿尔卑斯山脉和安第斯山脉——人类的教导当中。我们对人类之崇高的敬畏，不会因为认识到人类的本质和结构与动物同一而减少。这是因为只有人类拥有凭借智慧和理性说话的非凡天赋，并且能够运用这种天赋，在现世生活中逐渐积累和组织出经验。而在其他动物身上，这些经验会随着个体生命的相继逝去而几乎完全丧失。因此，人类今天在自然界中所处的位置，仿佛矗立在群山之巅，远远高于他那些谦卑的同伴，并映出来自真理无限源泉的无所不照的光芒，使自己的粗野本性变得无比崇高。

人类与猿类脑部结构论战简史

直到1857年以前，所有研究猿类脑部结构的解剖学权威——居维叶、蒂德曼[①]、桑迪福[②]、弗罗里克[③]、伊西多尔·圣伊莱尔[④]、施罗德·范德科尔克[⑤]、格列提奥雷[⑥]，都一

---

① 蒂德曼，德国解剖学家，是脑解剖的权威，也是居维叶的狂热信徒。他在1836年的论文《黑人、欧洲人和猩猩的脑部对比》中以测量颅骨和脑的方法进行了论证了黑人的脑较小，并因此在智力上逊色的观点。这使他成为最早对种族主义进行科学辩护的人之一。

② 桑迪福，荷兰医生和解剖学家，任莱顿大学解剖学和外科教授。

③ 弗罗里克，荷兰解剖学家和病理学家，脊椎动物畸形学领域的先驱。

④ 伊西多尔·圣伊莱尔法国动物学家，是畸形学领域的权威，亦是“动物行为学”一词的提出者。

⑤ 施罗德·范德科尔克，荷兰解剖学家和生理学家。他最著名的成就是在对癫痫患者进行尸检后，认为延髓的变化是癫痫的起源。

⑥ 格列提奥雷，法国解剖学家和动物学家。他对人类与灵长类动物的脑部异同进行了重要研究，也因将大脑皮层表面划分为五个叶——额叶、颞叶、顶叶、枕叶和岛叶而备受赞誉。

致认为猿类的脑是有后叶的。

1825 年，蒂德曼在他的《图谱》中描绘并承认了猿类侧脑室中后角的存在。他不仅在《后角小丘》这个标题中列明了“后角”这个事实，还坚持把它保留在文章的背景中（《图谱》，第 54 页）。

居维叶（《教程》[①]，第三卷，第 103 页）说：

> 只有人类和猿类的前脑室或侧脑室有一个指状的腔（后角）……它的存在取决于后叶的存在。

施罗德·范德科尔克、弗罗里克和格列提奥雷也描绘并描述了各种猿类的后角。至于小海马，蒂德曼错误地断言猿类没有这种结构，但施罗德·范德科尔克和弗罗里克则指出，他们认为是小海马雏形的结构在黑猩猩身上是存在的，而格列提奥雷则明确肯定了它的存在。这是我们在 1856 年对这些问题的了解情况。

然而，在 1857 年，欧文教授忽视了或是无理隐瞒了这些众所周知的事实，并向林奈学会提交了论文《论哺乳纲的特征、分类原则和主要类群》，并发表在学会的学报上。这篇论文中有这样一段话：

> 在人类身上，脑部呈现出一种发育上的进步，其进步程度比之前区分亚纲与更低等的亚纲的进步程度还要更

① 指居维叶的《比较解剖学教程》。——译者注

高、更明显。大脑半球不仅覆盖于嗅叶和小脑之上，还向前延伸到嗅叶，并向后延伸出小脑。其后部发育得如此明显，以至于解剖学家把该部位归为第三叶的特征。这是人属所特有的。同样为人属所特有的是侧脑室的后角和‘小海马’，这是每个大脑半球后叶上的特征。——《林奈学会学报》，第二卷，第19页。

鉴于这篇文章的这段话拥有的勃勃野心不亚于重组哺乳动物的分类系统，其作者在写作中应该怀有特别的责任感，并且特别谨慎地验证了他冒险公布的说法。即使这篇文章被认为过于草率，或者缺乏应有的审议机会，现在对这篇文章中任何不足之处的偏袒都不能为它辩护。因为在两年后的1859年，他在剑桥大学这一庄严的场所，在里德讲座[①]中又把这些观点重复了一遍。

当我第一次注意到上述引文中我用着重号标出的那些论断时，我惊讶于这位见多识广的解剖学家的种种学说间有着如此明显的矛盾。但是，我接着想，一位负责任的学者提出这样一个慎重主张，一定会有一些事实依据。因此，我认为我有责任在轮到我授课之前重新研究这个问题。我的研究是要证明欧文先生的三条论断，即“第三叶、侧脑室后角和小海马”是“人属所特有的”，违背了最简单的事

---

① 剑桥大学一年一度的公共讲座，以16世纪的英国民事诉讼法院审判长罗伯特·里德命名。赫胥黎曾于1883年讲授《现存动物生命形式的起源：构造还是进化？》。此处指欧文1859年的里德讲座《论哺乳动物的分类和地理分布》。——译者注

实。我把这一结果告诉了我课上的学生。随后，我在无意中卷入了一场无论如何都不会给英国科学界增光添彩的论战。不论论战结果如何，我都转向了更合我意的工作之中。

然而，事情很快就进展到了这一境地：如果我一直保持沉默，我就会陷入对真理的毫无价值的敷衍之中。

在 1860 年于牛津举行的英国科学促进会会议上，欧文教授当着我的面重复了这些论断。当然，我立刻提出了直接的、毫无保留的辩驳，并保证我会在其他地方为这种不寻常的做法的进行辩护。我兑现了我的诺言——在 1861 年 1 月的《自然史评论》上，我发表了一篇文章[①]，充分证明了以下三个主张的正确性（第 71 页）：

1. 第三叶既不是人类所特有的，也不是人类的特征，因为它存在于所有高等四手动物中。

2. 侧脑室的后角既不是人类所特有的，也不是人类的特征，因为它也存在于高等四手动物中。

3. 小海马既不是人类所特有的，也不是人类的特征，因为它也被发现于某些高等四手动物中。

此外，这篇论文还包含以下段落（第 76 页）：

最后，尽管施罗德·范德科尔克和弗罗里克（同上[②]，

---

① 指《论人类与较低等动物的动物学关系》。

② 指施罗德·范德科尔克和弗罗里克于 1849 年在《荷兰皇家研究所学报》发表的论文《黑猩猩脑部的解剖研究》。

第271页）特别指出：“其他动物的侧脑室与人类侧脑室的区别，在于它的后角在比例上存在缺陷，其中我们只能看见一条条纹显示出小海马的存在。”但是，在他们的图版II的图4（图7.20）中，这个后角是一个完全清晰无误的结构，与人类后角的一般尺寸一样大。更值得注意的是，欧文教授竟然忽略了两位作者的明确陈述和插图。只要稍微对比一下这些插图就能发现，欧文教授的黑猩猩脑部木刻画（同上a，第19页）很显然是施罗德·范德科尔克先生和弗罗里克先生的图版I的图2（图7.21）的缩小版本。

但是，正如格列提奥雷（同上b，第18页）所谨慎指出的那样：“不幸的是，他们用作模型的脑部已经经历了极大的变化（深深地下陷了），因此，这些图版所呈现出的脑部的一般形态是完全错误的。”的确，我们只要将黑猩猩头骨的截面与这些插图进行比较就会发现，这一错误是非常明显的。非常遗憾的是，如此难以胜任的插图，竟然被认为是一个黑猩猩脑部的典型代表。

从此往后，欧文教授的立场是站不住脚的。这一点对于欧文教授、对任何人而言都是显而易见的。但是，欧文教授非但没有纠正自己犯下的严重错误，反而坚持并一再重申这些错误。首先，在1861年3月19日，他在英国皇家科学研究所发表了一篇演讲。他把这篇演讲的复本夹带

① 指上文中的《论哺乳纲的特征、分类原则和主要类群》。

② 指格列提奥雷1854年的论文《论人类和灵长类动物的大脑褶皱》。

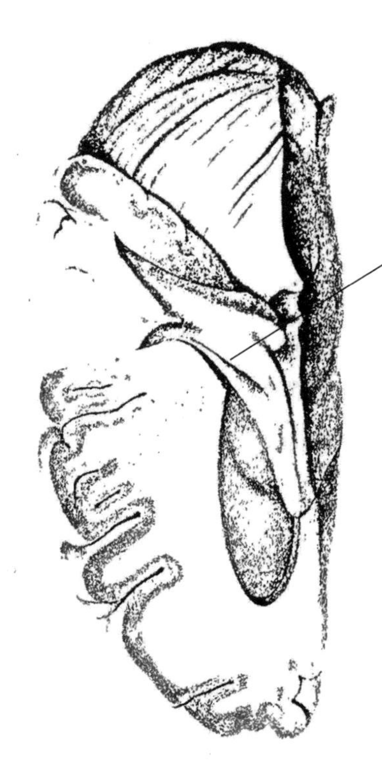

图 7.20 黑猩猩大脑半球和小脑的右半部分

黑猩猩大脑半球和小脑的右半部分。出自施罗德·范德科尔克和弗罗里克《黑猩猩脑部的解剖研究》图版 II，图 4。

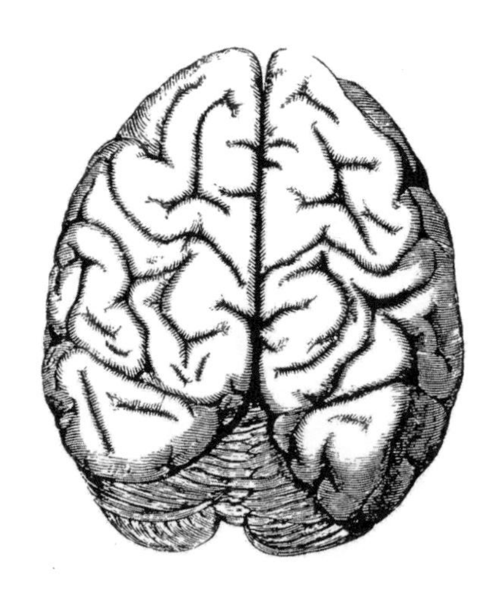

图 7.21 黑猩猩脑部的上表面

出自施罗德·范德科尔克和弗罗里克《黑猩猩脑部的解剖研究》图版 I，图 2。

在一封信里，于 3 月 30 日寄给《雅典娜学刊》，并在该杂志接受后，在 3 月 23 日这期中一字不差地发表。《雅典娜学刊》的刊文还附有一张示意图，它声称自己描绘了一只大猩猩的脑部。但这幅示意图实际上极大地歪曲了事实，以至于欧文教授虽然没有明确说明，但是他实际上在这封信中收回了这一失实的陈述。然而，在修正这一错误时，欧文教授又陷入另一个更加严重的错误中，因为他的信以这样一段话结尾："关于最高等猿类的大脑覆盖小脑的真实比例，应该参考我的里德讲座《论哺乳动物的分类和地理分布》（1859 年）第 25 页的图 7 和次页的图 8 中，黑猩猩未被解剖的脑部图（图 7.22）。"

这幅信众们纷纷参考的插图，不仅对自身的限定条件"最高等猿类的大脑覆盖小脑的真实比例"只字未提，还只是早在几年前就被格列提奥雷指出其彻底错误的、施罗德·范德科尔克和弗罗里克的插图的未受许可的翻版。因此，即便它有幸是正确的，也是不可靠的。在上文引用的我在《自然史评论》上发表的文章中，我已经为欧文教授指出了这一点。1861 年 4 月 13 日，我还在《雅典娜学刊》上发表了对欧文教授的回应，希望能再次引起公众的注意。然而，欧文教授在 1861 年 6 月的《自然史年鉴》中，又把这张已然被揭穿的图片放了进去，并对它的错误丝毫未提！

这件事有力地证明了插图原作者施罗德·范德科尔克和弗罗里克两位先生的忍耐之心。他们在给所属的阿姆斯特丹研究院的书面声明中指出，尽管他们坚决反对一切形式的进化发育学说，但重要的是他们热爱真理。因此，即

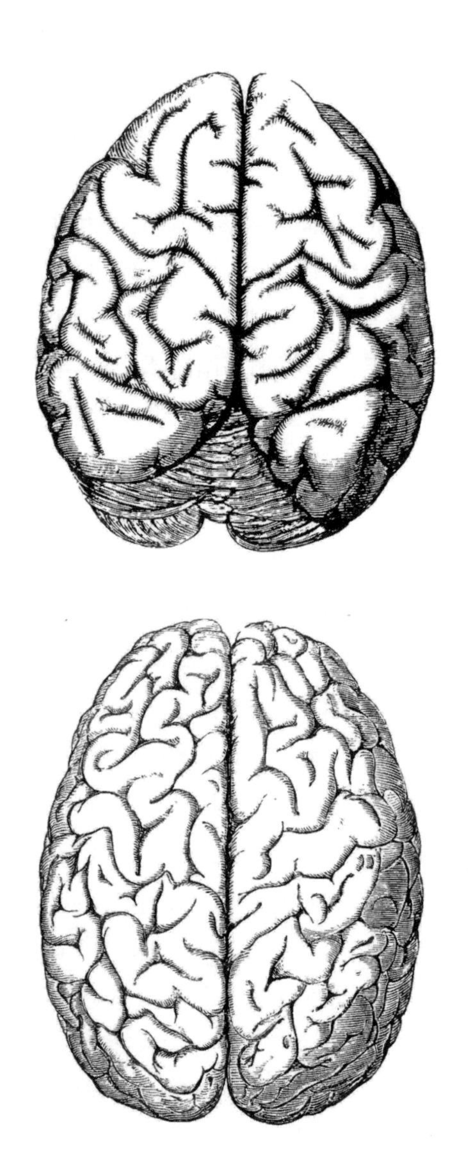

图 7.22 黑猩猩的脑部俯视图（上）和黑人脑部俯视图（下）

上图取自然大小的一半，下图取自然大小的 1/3。出自欧文 1859 年的里德讲座《论哺乳动物的分类和地理分布》，第 25~26 页。

便可能要支持为自己所不喜的观点，他们也觉得自己有责任要抓住机会，来公开驳斥欧文教授对他们权威性的滥用。

在这则书面声明中，他们坦然承认上文引用的格列提奥雷先生的批评的公正性，并用更加审慎的新插图来描绘猩猩的后叶、后角和小海马。此外，他们还在学会的一次会议上展示了这些部位，并补充道："与会的解剖学家普遍承认这一部分无可争议的存在。唯一的疑问是关于小海马的……就最新情况而言，小海马的痕迹比现在还要明显。"

欧文教授在1861年的英国科学促进会会议上重复了他的错误论断，并又在同一机构1862年的剑桥会议上重新提出了这个问题。这样三番五次的重复，既没有明显的必要性，也没能提出什么新的事实和论点，更没能以任何方式符合大量猿类脑部的原始解剖标本中的决定性证据，这些决定性证据在此期间由皇家学会会员罗尔斯顿教授①、皇家学会会员马歇尔先生②、弗劳尔先生③、特纳先生④和

---

①是《论猩猩脑部的亲缘关系》,《自然史评论》,1861年4月。——原注

乔治·罗尔斯顿，英国医生和动物学家，是赫胥黎的朋友和门生，1862年当选为皇家学会会员。

②《论一只幼年猩猩的脑部》,同上，1861年7月。——原注

约翰·马歇尔，英国外科医生和解剖学家。

③《论四手动物大脑的后叶》,《哲学汇刊》,1862年。——原注

威廉·亨利·弗劳尔，英国外科医生、比较解剖学家，是灵长类动物脑部的权威。他在与欧文的关于人脑的论战中支持赫胥黎，并最终接替欧文成为伦敦自然史博物馆的馆长。

④《人类与较低等哺乳动物脑幕表面与大脑、小脑的解剖学关系》,《爱丁堡皇家学会学报》,1862年3月。——原注

威廉·特纳，英国解剖学家。

我本人[①]提出。由于不满于自己的论文在D组会议中遭到的前所未有的、相当犀利的驳斥，欧文教授被批准在1862年10月11日的《医学时报》上发表他的个人声明，并附上一条对我的主张的奇怪歪曲（通过与《医学时报》中的讨论报告进行比较可以看出这一点）。我在10月25日的同份期刊上增补了我的回应：

如果这是一个观点性问题，或者是对某一部位或术语的解释性问题，甚至仅仅是以观察到的证据对抗另一方的观察性问题，那么在讨论这个问题时，我应该采用完全不同的语气。我应该谦卑地承认，自己可能会在判断上犯错，在理解上不足，或者被偏见蒙蔽了双眼。

但是，现在没有人佯称这场论战牵涉到术语或观点。尽管欧文教授提出的一些定义可能新颖有余而权威不足，但只要这场论战的主要性质不变，这些定义就还是可能会被接受。因此，不论是您所知道的在这个国家享有盛誉的解剖学家艾伦·汤姆森博士、罗尔斯顿博士、马歇尔先生和弗劳尔先生，还是在这片欧洲大陆上享有盛名的施罗德·范德科尔克教授和弗罗里克教授（欧文教授曾鲁莽地试图令他们强行佐证自己的观点），这些才华横溢而又一丝不苟的研究者们在过去两年中都对这些问题进行了专门的研究，并一致证明了我的主张是正确的，而欧文教授的论断是毫无根据的。就连尊敬的鲁道夫·瓦格纳这位没有任

① 《论蛛猴的脑部》，《动物学会学报》，1861年。——原注

何进步主义端倪的人也站在了同一阵营。相比而言，还没有任何一位解剖学家支持欧文教授的主张，无论声名大小。

现在，我并不是说应该通过普遍选举来解决科学分歧，但我确实认为，可靠的证明应该由一些比空口无凭的断言更高明的东西来实现。然而，这一荒谬的论战拖延了两年之久，已然令人厌倦，期间欧文教授连一条支持他一而再再而三提出的论断的证据都拿不出来。

因此，情况是这样的：我的主张不仅符合最年长的权威人士的学说，也符合所有近期研究人员的理论。我也很愿意在我拿到的第一只猴子标本身上证实这些主张。而欧文教授的论断不仅与新旧权威截然对立，而且我还要补充说：他也没有任何证据能够支持这些论断。

现在，我暂且先对这个问题避而不谈。为了我的职业荣誉，我本乐意在今后永远保持沉默。但不幸的是，在发生了所有这些事情后，这个问题成了一个不可能出现错误或术语混淆的问题。在证明某些猿类身上存在着后叶、后角和小海马时，我在说一些正确的事实，或者在说一些自己必定知道是错误的观点。因此，这就变成了个人诚实问题。就我自己而言，我不会接受除此以外的其他任何结论。对于目前的论战而言，这一结论是非常严肃的。

图书在版编目（CIP）数据

青蛙有灵魂吗 /（英）托马斯·亨利·赫胥黎著；谢海伦译 . — 南京：江苏凤凰科学技术出版社，2021.5

（巨人的肩膀）

ISBN 978-7-5713-1645-7

Ⅰ.①青… Ⅱ.①托… ②谢… Ⅲ.①黑斑蛙—普及读物 Ⅳ.① Q959.5-49

中国版本图书馆 CIP 数据核字（2020）第 262260 号

青蛙有灵魂吗

著　　者	[英] 托马斯·亨利·赫胥黎
译　　者	谢海伦
责任编辑	吴梦琪
特约编辑	刘仁军
责任校对	仲　敏
责任监制	周雅婷
出版发行	江苏凤凰科学技术出版社
出版社地址	南京市湖南路 1 号 A 座，邮编：210009
出版社网址	http://www.pspress.cn
印　　刷	溧阳市金宇包装印刷有限公司
开　　本	889mm × 1240mm　1/32
印　　张	8.25
字　　数	158 000
版　　次	2021 年 5 月第 1 版
印　　次	2021 年 5 月第 1 次印刷
标准书号	ISBN 978-7-5713-1645-7
定　　价	79.00 元

图书如有印装质量问题，可随时向我社印务部调换。